污染源普查与产排污核算技术

关 伟　黄天才　王 毅　曾令友　石利戈　编著

北 京
冶 金 工 业 出 版 社
2023

内 容 简 介

本书详细介绍了重庆市开州区第二次全国污染源普查状况及结果分析。全书共分 9 章，主要内容包括重庆市开州区区域概况、污染源普查总体情况、普查对象数量与分布情况、主要污染物普查结果分析、工业污染源普查结果分析、农业污染源普查结果分析、生活污染源普查结果分析、集中式污染治理设施普查结果分析、主要结论和建议。

本书可供从事人口普查人员、管理人员和相关研究人员阅读和参考。

图书在版编目(CIP)数据

污染源普查与产排污核算技术/关伟等编著. —北京：冶金工业出版社，2023.9

ISBN 978-7-5024-9547-3

Ⅰ.①污… Ⅱ.①关… Ⅲ.①污染源普查—中国 ②排污—环境工程—会计方法—中国 Ⅳ.①X508.2 ②X506

中国国家版本馆 CIP 数据核字(2023)第 116940 号

污染源普查与产排污核算技术

出版发行 冶金工业出版社 **电　话** (010)64027926

地　址 北京市东城区嵩祝院北巷 39 号 **邮　编** 100009

网　址 www.mip1953.com **电子信箱** service@mip1953.com

责任编辑 刘林烨 美术编辑 吕欣童 版式设计 郑小利

责任校对 葛新霞 责任印制 窦 唯

北京捷迅佳彩印刷有限公司印刷

2023 年 9 月第 1 版，2023 年 9 月第 1 次印刷

710mm×1000mm 1/16；11.5 印张；222 千字；168 页

定价 109.00 元

投稿电话 (010)64027932 投稿信箱 tougao@cnmip.com.cn

营销中心电话 (010)64044283

冶金工业出版社天猫旗舰店 yjgycbs.tmall.com

(本书如有印装质量问题，本社营销中心负责退换)

前　言

根据《全国污染源普查条例》和《国务院关于开展第二次全国污染源普查的通知》要求，2017年重庆市开展了第二次全国污染源普查工作。

普查的标准时点为2017年12月31日，时期资料为2017年度。普查对象是重庆市开州区辖区排放污染物的工业污染源（以下简称工业源）、农业污染源（以下简称农业源）、生活污染源（以下简称生活源）、集中式污染治理设施和移动污染源（以下简称移动源）。

根据国务院、重庆市人民政府关于开展第二次全国污染源普查工作的总体部署安排，重庆市开州区污染源普查工作从2017年底开始。在市普查办的技术指导及区委区政府的正确领导下，针对时间紧、任务重、要求高和专业性强等特点，全区各级各部门抽调业务骨干，组建强有力的普查队伍，认真贯彻落实国家和重庆市各项规定和要求，严格按照污染源普查程序开展工业源、农业源、生活源和移动源的普查工作。现已完成重庆市开州区第二次全国污染源普查任务，摸清了各类污染源的基本情况、主要污染物排放数量、污染治理情况等，建立了重点污染源档案和污染源信息数据库。

1. 总体情况

重庆市开州区普查对象数量1621个（不含移动源），包括工业源985个，畜禽规模养殖场146个，生活源411个，集中式污染治理设施78个，普查对象数量1个。水污染物排放量为：化学需氧量5094.50t，氨氮140.13t，总氮968.12t，总磷131.97t，石油类0.07t，挥发酚0.06kg，氰化物0.01kg，重金属（铅、汞、镉、铬和类金属砷）1.90kg。大气污染物排放量为：二氧化硫2704.75t，氮氧化物1645.44t，颗粒物5427.29t。本次普查对部分行业和领域挥发性有机物进行了尝试性调查，排放量178.06t。

2. 工业源

工业企业或产业活动单位985个。工业源普查对象数量居前5位的乡镇街道依次为：赵家街道办事处普查工业企业86家，占工业普查总数的8.73%；白鹤街道办事处普查工业企业70家，占工业普查总数的7.11%；岳溪镇普查工业企业57家，占工业普查总数的5.79%；临江镇普查工业企业55家，占工业普查总数的5.58%；丰乐街道办事处普查工业企业41家，占工业普查总数的4.16%。上述5个乡镇街道合计普查工业企业309家，占开州区工业普查总数的31.37%。工业源普查对象数量居前3位的行业为：酒、饮料和精制茶制造业190家，占工业普查总数的19.29%；非金属矿物制品业132家，占工业普查总数的13.40%；农副食品加工业112家，占工业普查总数的11.37%。上述3个行业合计普查工业企业434家，占工业源普查对象总数的44.06%。

工业企业的废水处理设施48套，设计处理能力2.01万立方米/日，废水年处理量116.07万立方米。水污染物排放量为：化学需氧量99.80t，氨氮4.04t，总氮11.51t，总磷0.85t，石油类0.07t，挥发酚0.06kg，氰化物0.01kg，重金属（铅、汞、镉、铬和类金属砷）1.37kg。化学需氧量排放量位居前3位的行业为：农副食品加工业（37.47t），电力、热力生产和供应业（23.04t），以及酒、饮料和精制茶制造业（14.88t），上述3个行业合计排放化学需氧量75.39t，占工业源化学需氧量排放总量的75.54%。氨氮排放量位居前3位的行业为：电力、热力生产和供应业（2.05t），农副食品加工业（1.44t），以及水的生产和供应业（0.27t），上述3个行业合计排放氨氮3.76t，占工业源氨氮排放总量的93.07%。总氮排放量位居前3位的行业为：农副食品加工业（4.35t），水的生产和供应业（3.57t），以及电力、热力生产和供应业（2.05t），上述3个行业合计排放总氮9.97t，占工业源总氮排放总量的86.62%。总磷排放量位居前3位的行业为：农副食品加工业（0.53t），水的生产和供应业（0.21t），以及酒、饮料和精制茶制造业（0.06t），上述3个行业合计排放总磷0.80t，占工业源总磷排放总量的94.12%。石油类排放量位居前3位的行业为：废弃资源综合利用业（0.03t），煤炭开采和洗选业（0.02t），以及化学原料和化学制品制造业（0.01t），上述3个行业合计排放石油类0.06t，占工业源石油类排放总量的85.71%。挥发酚只涉及一个行业有排放量，为化学原料和化学制品制造业，排放0.06kg。氰化物只涉及一个行业有排放量，为医药制造业，排放0.01kg。重金属（铅、汞、镉、铬和类金属砷）只涉及两个行业有排放量，分别为煤炭开采和洗选业排放1.35kg，医药制造业排放0.02kg。

工业企业脱硫设施35套，脱硝设施5套，除尘设施48套。大气污染物排放量包含二氧化硫（2704.75t）、氮氧化物

（1645.44t）、颗粒物（5427.29t）和挥发性有机物（178.06t）。二氧化硫排放量位居前3位的行业为：电力、热力生产和供应业（1200.31t），石油和天然气开采业（918.90t），以及非金属矿物制品业（428.90t），上述3个行业合计排放二氧化硫2548.11t，占工业源二氧化硫排放总量的94.21%。氮氧化物排放量位居前3位的行业为：非金属矿物制品业（898.18t），电力、热力生产和供应业（707.85t），以及煤炭开采和洗选业（10.45t），上述3个行业合计排放氮氧化物1616.48t，占工业源氮氧化物排放总量的98.24%。颗粒物排放量位居前3位的行业为：非金属矿物制品业（2910.44t），电力、热力生产和供应业（2008.86t），以及酒、饮料和精制茶制造业（153.96t），上述3个行业合计排放颗粒物5073.26t，占工业源颗粒物排放总量的93.48%。挥发性有机物排放量位居前3位的行业为：皮革、毛皮、羽毛及其制品和制鞋业（62.73t），木材加工和木、竹、藤、棕、草制品业（39.24t），以及非金属矿物制品业（34.77t），上述3个行业合计排放挥发性有机物136.74t，占工业源挥发性有机物排放总量的76.79%。

一般工业固体废物产生量15.20×10^4t，综合利用量7.69×10^4t（其中自行综合利用量0.16×10^4t），处置量2.84×10^4t，本年贮存量4.67×10^4t，倾倒丢弃量10.84t。危险废物产生量3409.98t，综合利用和处置量2188.99t，年末累积贮存量3385.40t。

3. 农业源

涉及种植业的耕地面积1449930亩（1亩≈666.67m^2），园地面积560356亩；水产养殖面积60872亩，2017年水产养殖产量

28080.4t，投苗量5778.4t；畜禽养殖业入户调查畜禽规模养殖场146个。农业源水污染物排放量为：化学需氧量4993.63t，氨氮135.86t，总氮956.29t，总磷131.08t。种植业水污染物排放（流失）量为：氨氮76.78t，总氮623.29t，总磷71.21t。秸秆产生量为40.73×10^4t，秸秆可收集资源量34.48t，秸秆利用量32.76×10^4t。地膜使用量1816t，地膜累积残留量231.62t。畜禽养殖业水污染物排放量为：化学需氧量4594.68t，氨氮42.28t，总氮284.89t，总磷56.92t。其中，畜禽规模养殖场水污染物排放量为：化学需氧量1859.14t，氨氮15.00t，总氮124.19t，总磷24.17t。水产养殖业水污染物排放量为：化学需氧量398.95t，氨氮16.80t，总氮48.11t，总磷2.95t。

4. 生活源

生活源普查对象411个，其中：行政村345个，非工业企业单位锅炉3个，储油库0个，加油站63个。城镇居民生活源以城市市区、县城（含建制镇）为基本调查单元。

5. 集中式污染治理设施

集中式污水处理单位73个，生活垃圾集中处理处置单位4个，危险废物集中利用处置（处理）单位1个。垃圾处理和危险废物（医疗废物）处置废水（渗滤液）污染物排放量为：化学需氧量1.07t，氨氮0.23t，总氮0.32t，总磷0.04t，重金属（铅、汞、镉、铬和类金属砷）0.53kg。

集中式污水处理情况为：城镇污水处理厂41个，处理污水$2704.02\times10^4m^3$；工业污水集中处理厂1个，处理污水$96.54\times$

$10^4 m^3$；农村集中式污水处理设施31个，处理污水$59.85\times10^4 m^3$。污水年处理总量$2860.41\times10^4 m^3$。集中式污水处理水污染物削减量为：化学需氧量4669.96t，氨氮609.08t，总氮818.12t，总磷74.83t，动植物油28.65t。干污泥产生量3144.00t，处置量3144.00t。

生活垃圾集中处理处置情况为：垃圾处理量16.52×10^4t，其中：填埋6.57×10^4t，焚烧9.95×10^4t，无其他方式处理。

危险废物集中利用处置（处理）情况为危险废物处置厂1个，为医疗废物处理（处置）厂。设计处置利用能力510.00t/a，实际处置利用危险废物799.00t。

本书借鉴或参考了相关文献资料，在此向文献作者表示衷心感谢！

由于作者水平所限，书中不妥之处，敬请读者批评指正。

关　伟

2023年1月

目　录

1 重庆市开州区区域概况

1.1 地理区位

开州区（原开县）位于重庆市东北部，三峡库区小江支流回水末端，地处长江之北，大巴山南坡（占全境$\frac{1}{4}$）与川东平行岭谷$\left(占全境\frac{3}{4}\right)$的结合地带，介于北纬30°49′30″~31°41′30″与东经107°55′48″~108°53′36″，属国际东7时区，距离重庆市主城区280km。开州区西邻四川省开江县，北接城口县和四川省宣汉县，东毗云阳县和巫溪县，南邻万州区。2017年，开州区共辖40个乡镇街道，427个村、107个社区，辖区面积3963km^2。

1.2 自然环境

1.2.1 地形、地貌、地质

开州区历经印支运动、四川运动两次地质运动，造成地质构造和展布十分复杂，成土母质分布凌乱，各地差异很大。区内地质构造主要由开梁背斜组成，南山山脉属川东平行岭谷开梁背斜，呈东北西南走向，形成条状低山。南山山脉源于梁平区，在开州区境内长59km，海拔500~1360m。在开州区境内主要山峰有假角山（临江镇）1208m，马达林尖（赵家镇）1171m，出露有朱罗系、三叠系地层，山脊呈长垣状和锯齿状。中段两翼多呈一山一岭隔挡式支脉，山势逶迤、群峦叠嶂，属川东褶皱带红层地貌。地下水极为丰富，南北均收灌溉之利。

开州区在造山运动及水流的侵蚀切割下，形成山地、丘陵、平原三种地貌类型、七个地貌单元、八级地形面。山地占63%、丘陵占31%、平原占

6%，大体是“六山三丘一分坝”，地势由东北向西南逐渐降低。

矿区地形主要由斜坡地貌形成，地形总体上呈南低、北高，矿山斜坡坡角10°~20°。矿区地形最高点位于矿区南侧，高程+917m，地形最低点位于矿区北西部，高程+733m，相对高差184m，属中低山斜坡地貌。采场东侧和南西侧与坡向相同形成切向坡，倾角大于坡角。斜坡岩体裂隙不甚发育，软弱夹层较少，岩矿层相对稳定。地表土层很薄、分布零星，发生土体滑坡的可能性较小。矿山所采岩层稳定，矿层直接出露地表，区域内无断层等地质构造，不易产生危岩崩塌、滑坡或泥石流等不良地质现象。

1.2.2 水文

开州区境内河流均属长江支流小江水系，主要支流有浦里河、澎溪河、南河和东河，东河为小江正源。东河与小江多为横向谷，而南河与浦里河顺构造线展布，河谷宽缓，阶地特征明显。境内河流流量变幅大，洪枯流量变幅达400倍，洪水期主要集中在降水丰富的5~9月，枯水期则在12月至次年2月间，洪水期洪峰来势凶猛，特大暴雨1~2天即可达城区附近，水位常高出Ⅰ级阶地前缘，退水则需3~5天。

1.2.3 气象与气候

开州区属湿亚热带季风气候，区境北部属大巴山暴雨区，由北向南降雨量略减，气温递增，个体气候明显。以区为代表的中部低坝地区，年平均气温18.6℃，平均日照1463.1h，平均无霜期304天。多年的年平均降水量1266.6mm，多年的年平均最大降水量1378.8mm，一日最大降水量218.4mm（1982年7月16日），一次最大降水量532.3mm（1982年7月16—24日），一小时最大降水量81.6mm（1982年7月16日），降雨量多集中于5~9月，占全年降雨量的70%；多年平均气温18.3℃，最高42℃，最低-4.5℃，多年平均相对湿度81%，最低为10%；多年平均风速0.7m/s，最大为14.7m/s；常年主导风向为西北风和东北风，其次是西风、西南风，南北方向风速较小。

开州区境内有5条主要河流（东河、南河、浦里河、桃溪河、澎溪河），理论蕴藏量达21.8万千瓦，可开发量为8.5万千瓦。

开州区探明矿藏主要有铁、铜、铅、锌、石膏、大理石等，其中以煤和天然气的储量最为丰富。优质煤蕴藏量1.2亿吨，为白鹤电厂76.2万千瓦火力发电提供了原料保障；天然气储量2000亿立方米，属国家大型气田。

开州区自然资源丰富，生物资源种类繁多。仅森林木本植物初查就有76科（302种），随着海拔的升高，依次组合为亚热带常绿阔叶林、常绿与落叶混交林、亚高山针叶林，植被地带性十分明显。亚热带常绿阔叶树种类有石栎、青杠、小叶青杠、山茶、樟、桢楠、棕榈等。灌木植被多为杜鹃、山茶、柃木、黄荆、马桑等，草本植物多为蕨类、白茅、芭茅等，经济林木和果树种类繁多，主要有油桐、油茶、茶叶、桑和柑、李、桃、杏等。全区除北部山区和南山、铁峰山、大梁山保存有一定的森林植被外，其余多已开辟为农田。粮经作物以水稻、小麦、薯类、油类、花生、烟叶较多；柑橘、雪梨等水果和油桐种植很广。

在动物分区上，开州区属于四川东部森林、灌丛、草坡、农田动物区。大型森林动物显著减少，有的已经绝迹（如虎、豹、熊等）；家畜主要有猪、牛、羊、兔、猫、狗等；家禽主要有鸡、鸭、鹅等。开州区野生动物有200余种。其中兽类26种、鸟类78种、爬行类11种、两栖类19种、鱼类13种、无脊椎动物75种，主要兽类有獐子、金丝猴、野猪等，鸟类主要有白鹤、画眉、布谷鸟、雉鸡、鹰等。据调查，评价范围内野生动物种类较少，现有的野生动物多为一些常见的鸟类、啮齿类等，未见珍稀保护动物。

1.3 区域内建制镇情况

1.3.1 开州区管辖街道

开州区2017年管辖汉丰街道、文峰街道、云枫街道、赵家街道、白鹤街道、镇东街道、丰乐街道7个街道。

汉丰街道位于开州区中部，为区政府驻地，是全区政治经济文化中心；管辖11个社区和2个行政村，总面积23km^2，2017年末户籍人口7.91万。

文峰街道地处重庆市开州区新城东部，以辖区内的文峰古塔得名；文峰街道管辖11个社区和2个行政村，总面积20km^2，2017年末户籍人口5.51万。

云枫街道地处重庆市开州区西部，东邻汉丰街道，西连镇安镇，南依南山森林公园与赵家街道相连，北与镇东街道隔汉丰湖相望；云枫街道管辖 9 个社区，总面积 23km^2，2017 年末户籍人口 4. 11 万。

赵家街道是一代军神刘伯承元帅故里，位于重庆市开州区东南部浦里河畔；赵家街道管辖 3 个社区和 20 个行政村，总面积 152km^2，2017 年末户籍人口 6. 66 万。

白鹤街道位于重庆市开州区，距开州城区 15km，其他因境内白鹤山而得名；白鹤街道管辖 3 个社区和 13 个行政村，总面积 79km^2，2017 年末户籍人口 6. 80 万。

镇东街道位于重庆市开州区中部，距开州城区 1km；镇东街道管辖 3 个社区和 5 个行政村，总面积 26km，2017 年末户籍人口 2. 29 万。

丰乐街道为重庆市开州区下辖街道，2005 年 8 月设立；丰乐街道管辖 2 个社区和 5 个行政村，总面积 25km^2，2017 年末户籍人口 2. 22 万。

1.3.2 开州区管辖镇

开州区 2017 年管辖大德镇、镇安镇、厚坝镇、金峰镇、温泉镇、郭家镇、白桥镇、和谦镇、河堰镇、大进镇、谭家镇、敦好镇、高桥镇、九龙山镇、天和镇、中和镇、义和镇、临江镇、竹溪镇、铁桥镇、南雅镇、巫山镇、岳溪镇、长沙镇、南门镇、渠口镇 26 个镇。

大德镇位于重庆市开州区，由原大慈、大德合并而成，距开州区城区 17km；大德镇管辖 3 个社区和 12 个行政村，总面积 118km^2，2017 年末户籍人口 5. 55 万。

镇安镇隶属重庆市开州区，镇区位于南河、桃溪河交汇处，距开州区城区（北部新区）仅约 4km，是离开州城区最近的一个镇；镇安镇管辖 3 个社区和 7 个行政村，总面积 46km^2，2017 年末户籍人口 2. 68 万。

厚坝镇位于重庆开州区东部，地处三峡库区小江回流处，海拔 168m，距开州区新城 12km；厚坝镇管辖 1 个社区和 7 个行政村，总面积 49km^2，2017 年末户籍人口 3. 35 万。

金峰镇位于重庆市开州区东部，距城区 16km，与云阳县双水、开州区厚坝镇接壤，素有开州区“东大门”之称；金峰镇管辖 1 个社区和 6 个行政村，总面积 57km^2，2017 年末户籍人口 2. 71 万。

温泉镇位于重庆市开州区东北部，古名温汤井，是一个有两千多年历史的文化名镇；温泉镇管辖4个社区和10个行政村，总面积149km^2，2017年末户籍人口5.71万。

郭家镇位于重庆市开州区东北部，以郭家湾得名，距开州区城区22km；郭家镇管辖2个社区和10个行政村，总面积79km^2，2017年末户籍人口4.66万。

白桥镇（又名“幺店子）”，从开州区往温泉方向行至郭家毛成岔路口，再顺着水泥公路往上行15km到达山顶集镇；白桥镇管辖1个社区和9个行政村，总面积84km^2，2017年末户籍人口2.97万。

和谦镇旧名和谦梓，位于重庆市开州区北部，东河中游，距开州区城区37km；和谦镇管辖1个社区和6个行政村，总面积80km^2，2017年末户籍人口2.94万。

河堰镇位于开州区东北部，属巴山南支脉东、南与云阳县接壤，西邻温泉镇，距城区43km；河堰镇管辖3个社区和12个行政村，总面积154km^2，2017年末户籍人口3.52万。

大进镇矿藏丰富，以煤、皂石、硫黄、大理石为主，海拔299~2218m，距开州区城区54km；大进镇管辖2个社区和17个行政村，总面积251km^2，2017年末户籍人口4.59万。

谭家镇位于重庆市开州区北部，镇政府驻地谭家坝场蒲家湾海拔270m，距开州城区43km，距开州区城区54km；谭家镇管辖1个社区和8个行政村，总面积125km^2，2017年末户籍人口2.26万。

敦好镇特产龙珠茶，是开州三绝之一，距离开州城区32km，距开州区城区54km；敦好镇管辖3个社区和17个行政村，总面积144km^2，2017年末户籍人口5.39万。

高桥镇隶属于重庆市开州区，位于重庆市开州区西北部，西与四川省宣汉县接壤，主要矿产资源为天然气；高桥镇管辖2个社区和10个行政村，总面积78km^2，2017年末户籍人口3.79万。

九龙山镇位于开州区西部，辖区内土地肥沃，是一个典型的中山农业重镇，被誉为县中山农业开发示范镇称号，距开州城区25km；九龙山镇管辖2个社区和17个行政村，总面积135km^2，2017年末户籍人口5.06万。

天和镇位于重庆市开州区西部，境内主要矿产有煤、石灰石、高岭土、少量铁，其中煤、石灰石贮量最大；天和镇管辖1个社区和9个行政村，总面积 67km^2，2017 年末户籍人口 1.89 万。

中和镇位于重庆市开州区西部，南河支流映阳河中游，中和镇三合场特产水竹凉席，是开州三绝之一，镇政府驻中和场鹤林街，距开州城区 40km；中和镇管辖 3 个社区和 15 个行政村，总面积 89km^2，2017 年末户籍人口 6.15 万。

义和镇隶属重庆市开州区，位于重庆市开州区西部边陲，境内历史文化悠久，物产丰富；义和镇管辖 1 个社区和 9 个行政村，总面积 61km^2，2017 年末户籍人口 3.59 万。

临江镇位于重庆市开州区西南部，距离开州城区 16km，是开州区第一大镇、开州城市副中心、重庆市“十大宜居小城镇”“最美小城镇”、全国重点镇等；临江镇管辖 5 个社区和 24 个行政村，总面积 123km^2，2017 年末户籍人口 10.42 万。

竹溪镇地处重庆市开州区西部，南河下游，距开州城区 13km，澎溪河水穿境而过，省道渝巫路横贯其中；竹溪镇管辖 1 个社区和 14 个行政村，总面积 84km^2，2017 年末户籍人口 4.44 万。

铁桥镇位于重庆市开州区西南部，以境内清初所建的“铁索桥”而得名，素有“梨乡”之称，距开州城区 29km，万达高速公路和省道渝巫路贯穿境内；铁桥镇管辖 3 个社区和 15 个行政村，总面积 115km^2，2017 年末户籍人口 5.87 万。

南雅镇位于重庆市开州区西南部，清初在马嘶桥建场，中叶迁楠树丫口，以“楠椏”谐音“南雅”为场名，距开州城区 30km，境内有重庆第一大佛——南雅大佛；南雅镇管辖 1 个社区和 10 个行政村，总面积 70km^2，2017 年末户籍人口 4.45 万。

巫山镇位于重庆市开州区西南部，是开州区的“西大门”，澎溪河把巫山分为南北二山，北山以田地为主，南山以矿产资源而闻名；巫山镇管辖 2 个社区和 11 个行政村，总面积 117km^2，2017 年末户籍人口 3.15 万。

岳溪镇位于重庆市开州区西南部，因四周山岳环境，溪沟纵横而得名，距开州区城区 65km；岳溪镇管辖 2 个社区和 23 个行政村，总面积 181km^2，2017 年末户籍人口 7.58 万。

长沙镇位于重庆市开州区南部，浦里河中游，南边靠铁峰山脉与万州区为邻，素有开州区“南大门”之称，其既是重庆市“百个经济强镇”“百个商贸小城镇”之一，又是开州区委、区政府“一心三极”经济发展重要支撑点，距开州城区 25km；长沙镇管辖 5 个社区和 20 个行政村，总面积 136km^2，2017 年末户籍人口 7.72 万。

南门镇位于重庆市开州区南部，最高点 1304m，最低 182m，境内溪河纵横，平畴万顷，距开州城区 52km；南门镇管辖 2 个社区和 21 个行政村，总面积 150km^2，2017 年末户籍人口 7.23 万。

渠口镇位于重庆市开州区东部，管辖 1 个社区和 9 个行政村，总面积 68km^2，2017 年末户籍人口 2.61 万。

1.3.3 开州区管辖乡

开州区 2017 年管辖满月乡、关面乡、白泉乡、麻柳乡、紫水乡、三汇口乡、五通乡 7 个乡。

满月乡位于开州区北部，距开州城区 84km，辖内马扎营养生旅游区被评为国家 3A 级旅游景区；满月乡管辖 1 个社区和 6 个行政村，总面积 149km^2，2017 年末户籍人口 1.28 万。

关面乡位于重庆市开州区的东北部，以关庙山谐音而得名，其地清嘉庆建有一个关帝庙，人称关庙山；关面乡管辖 1 个社区和 7 个行政村，总面积 143km^2，2017 年末户籍人口 1.00 万。

白泉乡位于重庆市开州区东北边陲，距开州城区 101km，是开州区距城区最远的乡镇；白泉乡管辖 1 个社区和 6 个行政村，总面积 196km^2，2017 年末户籍人口 1.11 万。

麻柳乡隶属于重庆市开州区，位于开州区西北角，境内山清水秀、河水清澈见底，境内有重庆市第一大水利工程——鲤鱼塘水库库区；麻柳乡管辖 2 个社区和 11 个行政村，总面积 94km^2，2017 年末户籍人口 2.98 万。

紫水乡是开州区西北山区的重要集镇，为古开州 48 个老场之一，距离开州城区 55km；紫水乡管辖 1 个社区和 9 个行政村，总面积 94km^2，2017 年末户籍人口 3.24 万。

三汇口乡位于重庆市开州区的西北部，是开州区入川达陕捷径之路必由之地，更是历代兵家必争的战略要地，留下了“兵备三千铁甲，地连二百雄关”的美誉；三汇口乡管辖 2 个社区和 8 个行政村，总面积 79km^2，2017 年末户籍人口 2.06 万。

五通乡位于重庆市开州区西南部，距离开州城区约60km；五通乡管辖1个社区和5个行政村，总面积50km^2，2017年末户籍人口0.89万。

具体乡镇街道人口经济情况见表1-1。

表1-1 2017年开州区乡镇街道人口经济情况表

区域名称	居委会数/个	村委会数/个	辖区面积/km^2	年末户籍人口/人	经济总量绝对额/万元
汉丰街道办事处	11	2	23	79085	448634
文峰街道办事处	11	2	20	55058	281228
云枫街道办事处	9	0	23	41188	242261
镇东街道办事处	3	5	26	22909	55334
丰乐街道办事处	2	5	25	22232	91811
白鹤街道办事处	3	13	79	68030	466775
赵家街道办事处	3	20	152	66655	237976
大德镇	3	12	118	55522	72682
镇安镇	3	7	46	26862	53350
厚坝镇	1	7	49	33533	44372
金峰镇	1	6	57	27167	26899
温泉镇	4	10	149	57154	114119
郭家镇	2	10	79	46595	119106
白桥镇	1	9	84	29720	36890
和谦镇	1	6	80	29403	56211
河堰镇	3	12	154	35180	52196
大进镇	2	17	251	45920	67556
谭家镇	1	8	125	22681	35066
敦好镇	3	17	144	53906	89936
高桥镇	2	10	78	37976	81349
九龙山镇	2	17	135	50602	64686
天和镇	1	9	67	18923	29905
中和镇	3	15	89	61502	93567
义和镇	1	9	61	35943	33449
临江镇	5	24	123	104275	191084
竹溪镇	1	14	84	44421	68255
铁桥镇	3	15	115	58746	163781
南雅镇	1	10	70	44536	56708

续表 1-1

区域名称	居委会数/个	村委会数/个	辖区面积/km^2	年末户籍人口/人	经济总量绝对额/万元
巫山镇	2	11	117	31528	50700
岳溪镇	2	23	181	75814	130687
长沙镇	5	20	136	77234	140551
南门镇	2	21	150	72259	112393
渠口镇	1	9	68	26100	37200
满月乡	1	6	149	12809	21173
关面乡	1	7	143	10023	17015
白泉乡	1	6	196	11067	19596
麻柳乡	2	11	94	29794	21054
紫水乡	1	9	94	32428	27630
三汇口乡	2	8	79	20605	24402
五通乡	1	5	50	8931	18343
合计	107	427	3963	1684316	3995929

注：因污染源普查时间节点为 2017 年，故表格数据均为 2017 年数据，数据来源于《开州统计年鉴 2018》。

1.4 人口民族

开州区共辖街道 7 个、镇 26 个、乡 7 个，面积 3963km^2。2017 年末，全区户籍总人口 168.43 万，其中城镇人口 62.87 万，乡村人口 105.56 万人，户籍人口城镇化率 37.33%。

第六次全国人口普查显示，开州区有 31 个民族，在常住人口中，汉族占 99.9%，少数民族占 0.1%。

1.5 社会经济

2017 年，全年实现地区生产总值 399.59 亿元，比上年增长 7.9%。按产业分，第一产业增加值 61.51 亿元，增长 4.3%；第二产业增加值 203.52 亿元，增长 9.5%；第三产业增加值 134.56 亿元，增长 7.2%。三次产业结构比为 8.8∶60.2∶31。

1.6 交通运输

经过开州区境内的国道有 4 条，为 G211、G243、G347、G542，达 272km。全区公路通车里程 8010km，其中高速公路 60km，一级公路 7km，二级公路 305km，三级公路 88km，四级公路 3889km，等外路 3661km；全年改建公路 166km，新建公路 116km；行政村通畅率、行政村客运班车通达率均达到 100%。2018 年，全年水陆运输总周转量完成 477414 万吨 · 千米，比上年增长 7.8%，其中货物运输周转量完成 468474 万吨 · 千米，比上年增长 9.8%，旅客运输周转量完成 89395 万人 · 千米，比上年增长 8.9%。

2　污染源普查总体情况

2.1　普查时点、对象与内容

2.1.1　污染源普查工作目的、意义

2016年10月26日，国务院印发了《关于开展第二次全国污染源普查的通知》，决定于2017年开始开展第二次全国污染源普查工作。2017年9月10日，国务院办公厅印发了《第二次全国污染源普查方案的通知》，这标志第二次全国污染源普查工作的全面启动。此次普查是法律规定十年一次的全国性普查工作，是全面掌握各类污染源状况的重要手段，为科学制定各类经济社会政策、切实改善环境状况提供决策依据。

全国污染源普查是依据《中华人民共和国统计法》《全国污染源普查条例》等开展的重大国情调查，是环境保护的基础性工作。开展开州区第二次全国污染源普查工作，可以摸清开州区各类污染源基本信息，了解开州区污染源的数量、结构和分布状况，掌握全区区域、流域、行业污染物的产生、排放和处理情况，最终汇总建立健全开州区重点污染源档案、污染源信息数据库和环境统计平台，为加强污染源监管、改善环境质量、防控环境风险、服务环境与发展综合决策提供依据，为加快推进生态文明建设、补齐全面建成小康社会的生态环境短板打下坚实基础。

2.1.2　普查对象与范围

普查标准时点为2017年12月31日，时期资料为2017年度资料。

根据国家污染源普查实施方案，此次污染源普查共5个类别，即工业污染源、农业污染源、生活污染源、集中式污染治理设施和移动污染源。普查对象和范围见表2-1。

表 2-1　第二次全国污染源普查对象和范围

污染源类别	对　象	普　查　范　围
工业污染源	产生废水、废气及固体废物的工业行业产业活动单位	1. 41 个工业行业产生活动单位； 2. 8 类重点行业 15 个类别矿产采选、冶炼和加工产业活动单位进行放射性污染源
	工业园区	国家级、省级开发区中的工业园区（产业园区）
农业污染源	畜禽规模养殖场	生猪≥500 头（出栏），奶牛≥100 头（存栏），肉牛≥50 头（出栏），蛋鸡≥2000 羽（存栏），肉鸡≥10000 羽（出栏）
	其他农业源	非规模畜禽养殖业、水产养殖业（不含藻类）和种植业
生活污染源	生活源锅炉	除工业企业生产使用以外的所有单位和居民生活使用的锅炉
	入河（海）排污口	城市市区、县城、镇区的市政入河（海）排污口
	加油站、储油库	行政区域内加油站和储油库的销售储存情况、挥发性有机物排放情况等
	其他城乡居民生活	城乡居民能源使用情况，生活污水产生、排放情况
集中式污染治理设施	集中处理处置生活垃圾、危险废物的污水的单位	生活垃圾填埋场、焚烧厂及其他处理方式处理生活垃圾和餐厨垃圾的单位
		危险废物处置厂和医疗废物处理（处置）厂
		城镇污水处理厂、工业污水集中处理厂和农村集中污水处理设施
移动污染源	机动车	机动车，包括油品运输企业的油罐车
	非道路移动机械	飞机、船舶、铁路内燃机车和工程机械、农业机械

2.1.2.1　工业污染源

工业污染源普查范围为《国民经济行业分类》（GB/T 4754—2017）中采矿业、制造业、电力、热力、燃气及水生产和供应业。普查对象为 3 个门类中 41 个行业（行业大类代码为 06～46）的全部工业企业，包括经各级工商行政管理部门核准登记、领取营业执照的各类工业企业，以及未经有关部门批准但实际从事工业生产经营活动、有或可能有废水污染物、废气污染物或工业固体废物（包括危险废物）产生的所有产业活动单位（伴生放射性矿由市普查办组织开展）。

工业园区普查对象为国家级、省级批准设立的各类开发区，包括国家批准设立的经济技术开发区、高新技术产业开发区、海关特殊监管区域、边境/跨境经济合作区和其他类型开发区；省级批准的各类开发区，包括经济技术开发区、高新技术产业开发区、工业园区、产业园区、示范区、高新区等。

2.1.2.2 农业污染源

农业污染源普查对象为纳入农业统计的农业生产活动。普查范围包括种植业、畜禽养殖业和水产养殖业（不含藻类）。

按照在地原则确定普查对象，以县级行政区划分在地的基本区域单元。同一养殖企业分布在不同区域的场区，纳入各场区所在区域普查。

2.1.2.3 生活污染源

生活污染源普查对象为：除工业企业生产使用以外所有单位和居民生活使用的锅炉（以下简称生活源锅炉）；开州区城市、镇区的入河排污口；开州区城市、乡镇街道、行政村为单位统计城乡村居民能源使用情况、生活污水产生、排放情况；开州区行政区域内所有储油库和加油站的排放情况。其中，开州区城镇居民能源消费和废水排放情况由重庆市污染源普查办公室统计填报。

2.1.2.4 集中式污染治理设施

集中式污染治理设施普查对象为集中处理处置生活垃圾、危险废物和污水的单位，包括集中式污水处理单位、生活垃圾集中处理处置单位和危险废物集中处理处置单位。

A 集中式污水处理单位

集中式污水处理单位包括城镇污水处理厂、工业污水集中处理厂、农村集中式生活污水处理设施和其他污水处理设施，不包括渗水井、化粪池（含改良化粪池）。

城镇污水处理厂是指对进入城镇污水收集系统的污水进行净化处理的污水处理厂。城镇污水指城镇居民生活污水，机关、学校、医院、商业服务机构及各种公共设施排水，以及允许排入城镇污水收集系统的工业废水和初期雨水等。

工业污水集中处理厂是指提供社会化有偿服务、专门从事为工业园区、连片工业企业或周边企业处理工业废水（包括一并处理周边地区生活污水）的集中设施或独立运营的单位，不包括企业内部的污水处理设施。原来按工业污水处理厂设计建设的，由于企业搬迁或其他原因导致的实际处理污水主要为生活污水的处理厂，按城镇生活污水处理厂纳入普查。

农村集中式污水处理设施是指乡、村通过管道、沟渠将乡或村污水进行集中收集后统一处理的污水处理设施或处理厂。设计处理能力不小于10t/d（或服务人口不小于100人，或服务家庭数不小于20户）的污水处理设施或污水处理厂纳入普查。

其他污水处理设施是指不能纳入城市污水收集系统的居民区、风景旅游区、度假村、疗养院、机场、铁路车站及其他人群聚集地排放的污水进行就地集中处理的设施。

B　生活垃圾集中处理处置单位

生活垃圾集中处理处置单位包括生活垃圾处理场（厂）和餐厨垃圾处理厂。

生活垃圾处理场（厂）包括生活垃圾填埋场、生活垃圾焚烧厂、生活垃圾堆肥厂及采用其他处理方式处理生活垃圾的处理厂。县级及以上垃圾处理场（厂）全部纳入普查，有条件的地区可开展县级以下垃圾处理厂普查。

生活垃圾焚烧厂包括生活垃圾焚烧厂、生活垃圾焚烧发电厂。

餐厨垃圾处理厂只调查采用厌氧处理、微生物处理或堆肥处理餐厨垃圾的专业化处理厂，单位或居民区设置的小型厨余垃圾处理设备不纳入普查。

C　危险废物集中处理处置单位

危险废物集中处理处置单位指提供社会化有偿服务，将工业企业、事业单位、第三产业或居民生活产生的危险废物集中起来进行焚烧、填埋等处置或综合利用的场所或单位，其包括危险废物集中处置厂、其他企业协同处置厂和医疗废物处置厂，不包括企业内部自建自用且不提供社会化有偿服务的危险废物处理（置）装置。

医疗废物处理（置）厂包括医疗废物焚烧厂、医疗废物高温蒸煮厂、医疗废物化学消毒厂、医疗废物微波消毒厂等，不包括医院自建自用的医疗废物处置设施。比如，医院自建医疗废物处置设施具有地市环保部门发放的危险废物经营许可证，纳入普查。

综合利用危险废物并持有管理部门发放的危险废物综合经营许可证的企业，如果已纳入工业源普查，就不再纳入危险废物集中处理处置单位普查。

只具有收集和转运危险废物的企业，不纳入危险废物集中处理处置单位普查。

2.1.2.5 移动污染源

移动污染源普查对象包括机动车、非道路移动源和油品运输企业。其中，机动车、非道路移动源由市普查办组织开展普查填报。

机动车包括汽车、低速汽车、摩托车和油品运输企业的油罐车；非道路移动源包括飞机、船舶、铁路内燃机车和工程机械、农业机械（含机动渔船）等非道路移动机械。

2.1.3 普查内容

2.1.3.1 工业污染源

工业污染源普查的内容为企业基本情况，原辅材料消耗、产品生产情况，产生污染的设施情况，以及各类污染物产生、治理、排放和综合利用情况（包括排放口信息、排放方式、排放去向等）、各类污染防治设施情况等。废水污染物指标包括化学需氧量、氨氮、总氮、总磷、石油类、挥发酚、氰化物、重金属（铅、汞、镉、铬和类金属砷）。废气污染物指标包括二氧化硫、氮氧化物、颗粒物、挥发性有机物。工业固体废物包括一般工业固体废物和危险废物的产生、贮存、处置和综合利用情况。危险废物按照《国家危险废物名录》分类调查（工业企业建设和使用按一般工业固体废物及危险废物贮存、处置设施（场所）情况处置）。

工业园区的普查内容为园区基本信息、园区基础设施建设情况、园区环境管理情况和园区注册登记工业企业清单等。

2.1.3.2 农业污染源

（1）种植业。县级种植业基本情况包括：

1）县（区、市、旗）名称、农户数量、农村劳动力人口数量、耕地和园地总面积等；

2）主要作物播种面积情况和农药、化肥、地膜等生产资料投入情况；

3）主要作物收获方式、秸秆利用方式与利用量。

（2）畜禽养殖业。畜禽规模养殖场基本情况包括养殖场名称、畜禽种类、存/出栏数量、养殖设施类型、饲养周期、饲料投入情况等。养殖规模与粪污处理情况包括养殖量、废水处理方式、利用去向及利用量，粪便处理方式、利用去向及利用量，配套利用农田面积等。规模以下养殖户包括县（区、市、旗）不同畜禽种类养殖户数量、存/出栏数量，不同清粪方式、不同粪便与污水处理方式下的养殖量占该类畜禽养殖总量的比例、配套利用农田面积等。

水产养殖业（不含藻类）包括县（区、市、旗）名称、养殖水体类型、养殖模式、投苗量与产量、养殖面积等。

废水污染物包括氨氮、总氮、总磷，畜禽养殖业和水产养殖业（不含藻类）增加化学需氧量。

2.1.3.3 生活污染源

生活污染源普查的内容包括生活源锅炉的基本信息、锅炉运行情况、污染治理设施等；市区、县城、镇区入河（海）排污口的基本信息和生活污水排污口水质监测情况等。

（1）城市：全市常住人口，房屋竣工面积，人均住房（住宅）建筑面积，新建沥青公路长度，改建变更沥青公路长度，城市道路长度等。

（2）市区及县城：城镇常住人口，公共服务用水量，居民家庭用水量，生活用水量（免费供水），用水人口，人均日生活用水量，集中供热面积，人工煤气、天然气、液化石油气年销售量，重点区域燃煤使用情况等。

（3）农村：农村常住人口和户数，人均日生活用水量，住房厕所类型，人粪尿处理情况，生活污水排放去向，燃煤使用情况，生物质燃料、管道煤气、罐装液化石油气年使用量，冬季家庭取暖能源使用情况等。

（4）储油库：储油库单位基本信息以及总库容、周转量、顶罐结构、油气处理装置、装油方式、在线监测系统等油气回收信息，挥发性有机物排放情况。

（5）加油站：加油站单位基本信息和总罐容、销售量、油气回收阶段、在线监测系统等油气回收以及防渗漏措施信息，挥发性有机物排放情况。

（6）污染物：废水污染物有 6 种，即化学需氧量、氨氮、总氮、总磷、五日生化需氧量、动植物油；废气污染物有 4 种，即二氧化硫、氮氧化物、颗粒物、挥发性有机物。

2.1.3.4 集中式污染治理设施

普查对象基本信息包括单位名称、统一社会信用代码、位置信息等。能源消耗情况包括燃料、电力等消耗情况。污水处理设施基本情况和运行状况包括处理方法、处理工艺、处理能力、实际处理量、排放口的基本信息（包括污水排放去向及排放口位置、锅炉废气排放口位置、高度和直径等、在线监测设施的安装、运行情况等）。二次污染的产生、治理和排放情况包括污泥、废气等的处理、处置和综合利用情况。

A 集中式污水处理单位

污水监测结果及主要污染物排放量包括废水排放量、化学需氧量、氨氮、总氮、总磷、五日生化需氧量、动植物油、挥发酚、氰化物、重金属（铅、汞、镉、铬和类金属砷）。废气监测结果及主要污染物排放量包括颗粒物、二氧化硫、氮氧化物。固体废物包括污水处理设施产生的污泥、锅炉产生的炉渣。

B 生活垃圾集中处理处置单位

废水（包括渗滤液）监测结果及主要污染物排放量包括化学需氧量、氨氮、总氮、总磷、五日生化需氧量、重金属（铅、汞、镉、铬和类金属砷）。焚烧废气监测结果及主要污染物排放量包括颗粒物、二氧化硫、氮氧化物。固体废物包括焚烧设施产生的炉渣和飞灰等。

C 危险废物集中处理处置单位

废水监测结果及主要污染物排放量包括废水排放量、化学需氧量、氨氮、总氮、总磷、动植物油、五日生化需氧量、挥发酚、氰化物、重金属（铅、汞、镉、铬和类金属砷）。焚烧废气监测结果及主要污染物排放量包括颗粒物、二氧化硫、氮氧化物、重金属（铅、汞、镉、铬和类金属砷）。固体废物包括焚烧设施产生的炉渣和飞灰等。

2.1.3.5 移动污染源

A 机动车

该类移动污染源的普查内容包括按车辆类型、燃料种类、初次登记日期划分的各类机动车保有量，以及氮氧化物、颗粒物、挥发性有机物排放情况。

油罐车包括油品运输企业单位基本信息和油罐车数量、汽油运输量、柴油运输量、具有油气回收系统的油罐车数量，以及定期进行油气回收系统检测的油罐车数量，挥发性有机物排放情况。

B　非道路移动源

飞机，该类移动污染源的普查内容包括按机型划分的起飞着陆循环次数，以及航空燃油消耗量等基本信息，氮氧化物、颗粒物、挥发性有机物排放情况。

船舶，该类移动污染源的普查内容包括二氧化硫、氮氧化物、颗粒物排放情况。

铁路，该类移动污染源的普查内容包括铁路内燃机车燃油消耗量、客货周转量等产排污相关信息，以及氮氧化物、颗粒物、挥发性有机物排放情况。

工程机械，该类移动污染源的普查内容包括按机械类型、燃料种类、销售日期划分的保有量，以及氮氧化物、颗粒物、挥发性有机物排放情况。

农业机械（含机动渔船），该类移动污染源的普查内容包括按机械类型、燃料种类、销售日期划分的拥有量，以及氮氧化物、颗粒物、挥发性有机物排放情况。

第二次全国污染源普查内容见表 2-2。

表 2-2　第二次全国污染源普查内容

污染源类别	普查内容		
	基本信息	废水污染物	废气污染物
工业污染源	1. 企业基本情况，原辅材料、产品生产情况； 2. 产生污染设施，排放口信息、排放方式和去向等； 3. 各类污染防治设施建设、运行情况； 4. 一般工业固体废物和危险废物产生、贮存、处置和综合利用情况； 5. 稀土等 15 类矿产采选、冶炼和加工过程中产生的放射性污染源情况	化学需氧量、氨氮、总氮、总磷、石油类、挥发酚、氰化物、重金属（铅、汞、镉、铬和类金属砷）	二氧化硫、氮氧化物、颗粒物、挥发性有机物
农业污染源	1. 种植业、畜禽养殖业、水产养殖业生产活动情况； 2. 秸秆产生、处置和资源化利用情况； 3. 化肥、农药和地膜使用情况； 4. 畜禽规模养殖场基本情况、污染治理和粪污资源化利用情况	氨氮、总氮、总磷，畜禽养殖业和水产养殖业的化学需氧量	—

续表 2-2

污染源类别	普查内容		
	基本信息	废水污染物	废气污染物
生活污染源	1. 生活源锅炉（1蒸吨以上）基本情况、能源消耗情况、污染治理情况； 2. 城市市区、县城、镇区的市政入河（海）排污口情况； 3. 加油站的基本信息，销售量，油气回收情况和排污情况； 4. 储油库的基本信息，油气处理回收情况和排放情况； 5. 城乡居民能源使用情况，用水排水情况	化学需氧量、氨氮、总氮、总磷、五日生化需氧量、动植物油	二氧化硫、氮氧化物、颗粒物、挥发性有机物
集中式污染治理设施	1. 集中处理处置生活垃圾、危险废物和污水的单位基本情况，设施处理能力，污水、垃圾或危险废物处理情况； 2. 污染物的产生、治理和排放情况； 3. 污水处理设施产生的污泥，焚烧设施产生的焚烧残渣和飞灰等产生、贮存、处置情况	化学需氧量、氨氮、总氮、总磷、动植物油、五日生化需氧量、挥发酚、氰化物、重金属（铅、汞、镉、铬和类金属砷）	二氧化硫、氮氧化物、颗粒物
移动污染源	各类移动源保有量及产排污相关信息	无	挥发性有机物（除船舶）、氮氧化物、颗粒物、二氧化硫（部分）

2.2 普查的技术路线

2.2.1 本次普查的技术路线

按照国家和市普查方案，纳入普查的污染源有工业污染源、农业污染源、生活污染源、集中式污染治理设施和移动污染源。

污染源包括固定源、分散源和移动源，以及分类确定调查技术路线。调查对象信息包括基本信息和排放信息和分类确定信息获取方法。普查方法优化包括数据共享优先、信息化手段优先、抽样调查优先。重庆市开州区第二次污染源普查工作流程详如图 2-1 所示，普查技术路线详如图 2-2 所示。

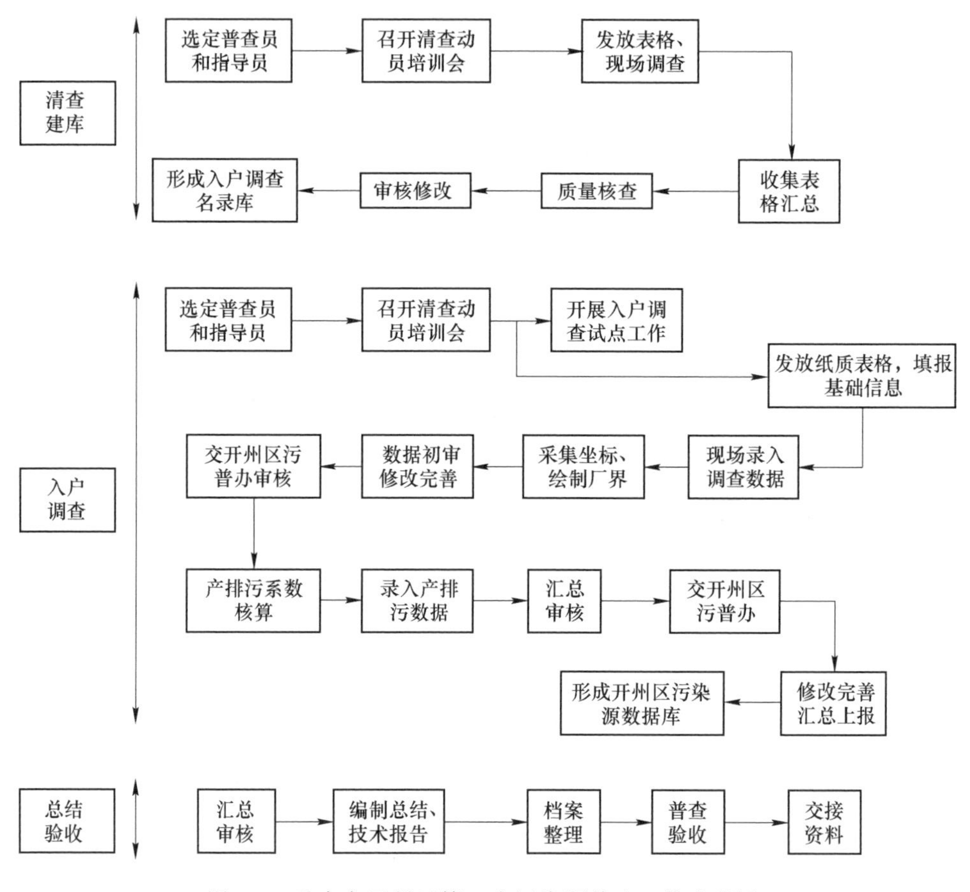

图 2-1　重庆市开州区第二次污染源普查工作流程图

2.2.2　普查的组织实施

开州区第二次全国污染源普查基本原则是：区政府统一领导，部门分工协作，乡镇街道分级负责，各方共同参与。

2.2.2.1　普查组织

重庆市开州区第二次污染源普查工作领导小组负责领导和协调全区污染源普查工作。领导小组下设开州区第二次全国污染源普查工作办公室（简称

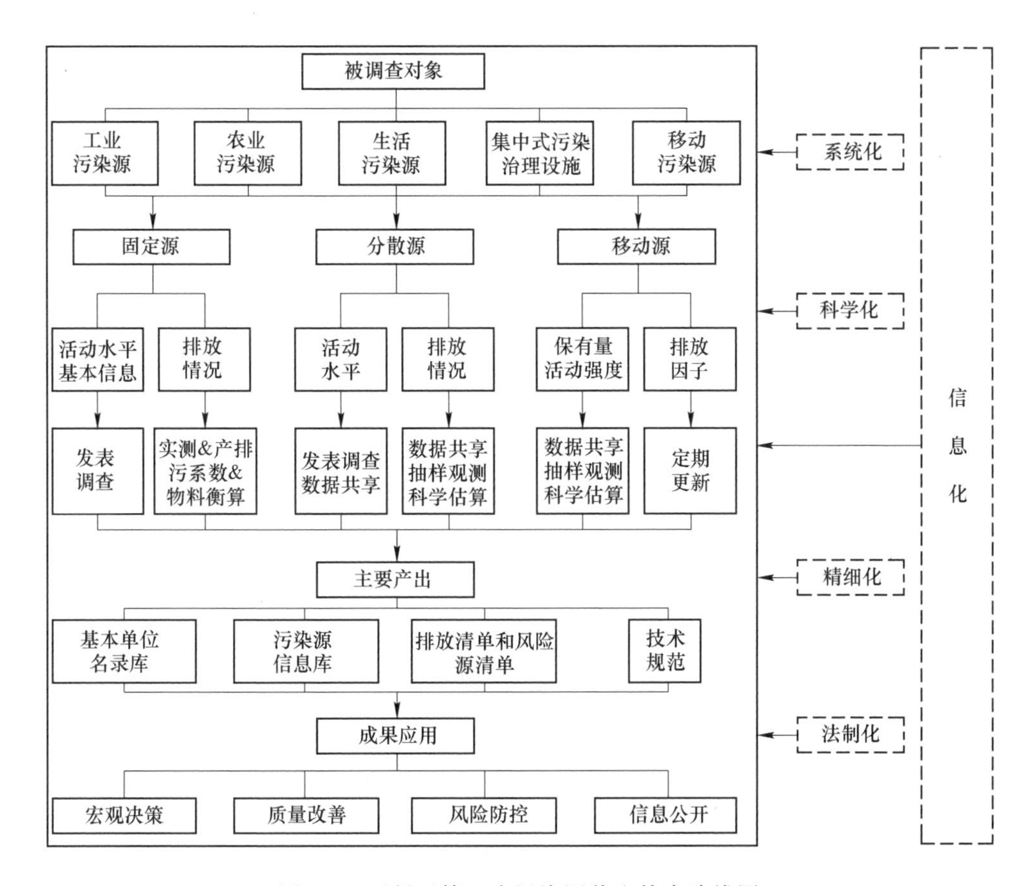

图 2-2 开州区第二次污染源普查技术路线图

区普查办)，办公室设在重庆市开州区生态环境局。区普查办根据国家和市普查办的要求，负责制定全区污染源普查实施方案、年度计划、普查技术规范等并组织实施；负责编制普查预算、做好资金保障；负责污染源普查数据的质量控制、审核和汇总，编制污染源普查总结报告、数据分析报告、技术报告、质量核查报告等及提出普查工作成果开发应用建议。

污染源普查工作领导小组各成员单位，按照重庆市开州区人民政府办公室《关于印发重庆市开州区第二次污染源普查实施方案的通知》的要求，在领导小组统一领导下，参与编制和审议开州区污染源普查方案、技术规定及各阶段工作方案，并按部门职责分工配合开展普查相关工作。

各乡镇街道和工业园区管理委员会，成立污染源普查工作小组，负责辖区内各类污染源的普查工作；对接区普查办，具体开展污染源的清查、入户调查等相关工作，并对辖区内污染源普查的质量负责。

区普查办通过政府购买社会服务，确定重庆文理学院为开州区第二次污染源普查的三方服务机构，为开州区普查工作提供技术支持，主要协助开州区污染源普查的入户调查、企业定位、产排污核算、数据审核修改汇总、档案整理和编制相关报告等工作。

2.2.2.2　普查实施

开州区第二次全国污染源普查工作从2017年10月正式启动，根据要求，普查工作分阶段实施包括准备阶段、清查摸底阶段、全面调查阶段和总结验收阶段，具体工作安排见表2-3。

表2-3　开州区污染源普查工作时间安排表

时间安排		工作任务
准备阶段	2017.10—2018.3	1. 成立机构，组建污染源普查领导小组，设立普查办公室，抽调专职普查工作人员，并落实办公场地； 2. 制定方案，按照国家要求，制定并印发普查工作实施方案、技术规范等； 3. 建立机制，建立各级各部门主管领导负责、分工明确的工作运行机制，包括联络制度、责任追究制度等执行、监督和反馈机制； 4. 经费计划，预算并落实普查工作经费，开展普查宣传，选聘污染源普查员和指导员
清查摸底阶段	2018.4—2018.7	1. 按照普查要求，以国家和市普查办下发的各类源名单为基础，协调开州区工商、税务、燃气、电力等部门对管理台账进行核实补充，形成初步的污染源清查底册； 2. 印制清查相关表格，开展清查培训，对各乡镇街道普查机构的普查人员进行专业培训，做好普查表填报的技术准备； 3. 各乡镇街道普查员对辖区内的各个源进行清查摸底，符合条件的纳入污染源普查并填报清查表格，不符合条件的备注相关原因并收集佐证资料； 4. 区普查办收集汇总各乡镇街道上报的清查表格，形成开州区污染源清查底库最终版。同时对符合入户调查条件的填报清查系统，组织审核汇总，为污染源普查入户调查做准备

续表 2-3

时间安排		工作任务
全面调查阶段	2018.8—2019.8	1. 以工业园区和典型行业的重点企业开展试点调查，在调查中发现的问题及时汇总，并反馈开州区普查办； 2. 选定污染源普查入户调查指导员和普查员，召开入户调查动员培训会，学习相关技术规定和填报说明； 3. 根据开州区污染源普查清查建库的名单，各普查员对辖区内相关源全面开展入户调查，并做好查漏补缺； 4. 区普查办会同文理学院收集入户调查表格，审核后录入污染源普查系统；按照污染源普查规则核实审核相关信息后，根据监测数据或者产排污系数等核算相应源的污染物产生排放量，最终建立开州区第二次全国污染源普查数据库
总结验收阶段	2019.9—2020.2	1. 编制污染源普查数据报告、技术报告和工作报告等； 2. 建立健全开州区污染源普查数据库，开发利用普查成果； 3. 收集并按规定整理污染源普查的相关档案； 4. 编写普查验收报告，迎接上级普查小组的验收

2.2.2.3 普查培训

按照分级培训的原则，区普查办负责组织普查技术骨干或者普查指导员参加国家和市级培训，并负责开展对开州区普查员的培训和指导。

区普查办所有指导员均参加了市普查办组织的清查、入户调查等培训，并通过考试取得了指导员证。质量负责人先后参加了国家组织的清查培训、入户调查及系统培训、档案管理培训等，并在培训后组织区普查办人员进行了集中学习。

2018 年 4 月 22 日，区普查办组织对所有普查员和指导员进行了普查动员和清查业务培训。培训期间，阐述介绍了第二次全国污染源普查的目的和意义；详细讲解了污染源普查清查工作的填报要求和技术规范；明确规定了清查工作完成的具体时间。现场通过移动存储设备向各乡镇街道下发了污染源清查底册。培训后对所有普查员进行了集中考试。

2018年9月26—27日，区普查办指导员在重庆市开州区生态环境局会议室分两批对所有普查员进行了入户调查的动员和业务培训。培训期间，指导员向所有普查员解读了第二次全国污普入户调查的制度及工作安排；详细讲解了工业污染源、农业污染源、生活污染源、集中式污染治理设施，以及移动污染源的普查技术要求和表格填报的技术规范；详细指导了污染源普查系统的操作规程。授课完毕后，指导员进行了现场答疑和集中考试。通过培训，为污染源普查工作的有效、顺利开展提供了强有力的技术支撑。

在清查和入户调查过程中，结合实际情况，区普查办指导员分三组对开州区工业园区和所有乡镇街道进行了现场指导培训。通过名单，筛选辖区内几个典型行业的企业，带领普查员到企业现场进行调查和填报表格，并进行答疑，这样提高了普查员的调查水平。

2.2.2.4 宣传动员

开州区将加强宣传报道，营造舆论环境作为推动第二次全国污染源普查工作顺利开展的重要手段，充分利用报刊、电视、网络等各种媒体，广泛宣传污染源普查工作，为普查实施创造良好氛围。

区普查办印制并下发了《关于做好第二次全国污染源普查宣传工作的通知》，对全区污染源普查的宣传工作进行了安排和部署，要求区级有关部门、各乡镇街道高度重视开州区第二次全国污染源普查宣传工作，通过运用多种宣传手段和形式，广泛深入开展污染源普查宣传活动，宣传环境保护工作的意义以及污染源普查工作的目的和重要性。

开州区污染源普查宣传形式多样化，有横幅宣传、LED屏幕宣传、海报宣传、网络宣传、报刊宣传、公交车宣传、电视及手机微信宣传等。2018年6月5日，区普查办联合重庆市开州区生态环境局、云枫街道办事处在云枫广场开展了社会宣传，向广大群众发放《污染源普查宣传手册》；各乡镇街道也充分利用横幅、海报等开展了辖区内的宣传活动。

整个普查工作，开州区共印发普查宣传手提袋300个，寄送《致广大普查对象一封信》2100余份，发放《宣传手册》300册，印制普查宣传横幅200余幅，召开专题会议78次，并分别在开州电视台、《开州日报》开设专栏，对开州区第二次污染源普查工作进行了专题报道，使污染源普查家喻户晓，人人皆知，确保了工作的顺利开展。开州区污染源普查宣传工作情况见表2-4。

表2-4 开州区污染源普查宣传工作情况表

序号	宣传形式	乡镇街道（普查小组）	区普查办	合计数量	计量单位
1	报纸杂志	0	16	16	条
2	普查专栏	16	31	47	个
3	工作简报	9	6	15	期
4	网站网页	0	3	3	个
5	会议专题	72	6	78	个
6	宣传标语	180	12	192	幅
7	海报/宣传画	720	150	870	张
8	公开信	2000	180	2180	份
9	户外广告	8	0	8	个
10	其他	23	318	323	条

2.2.3 普查的技术准备

2.2.3.1 人员的准备

开州区共选聘污染源普查指导员18名，分别来自开州区生态环境局、开州区水利局、开州区农业农村委员会、（原）开州区畜牧兽医局、园区管理委员会和开州区排水公司等单位。清查阶段选聘普查员209名，入户调查阶段根据普查范围增加普查员44名，共选聘普查员253名，来自40个乡镇街道环保所、水务站、畜牧兽医站和农业服务中心。所有指导员和普查员均参加了技术培训和考试，取得了指导员证或普查员证。

2.2.3.2 设备的准备

为保证普查工作的顺利开展，区普查办通过政府采购购买了10台台式电脑、10台笔记本电脑、10台打印机、1台复印扫描一体机及办公档案柜、办公桌椅等日常办公设备用品。各个乡镇街道配发了普查专用移动终端1~3个（由市普查办采购划拨）和移动存储设备1个。同时，为保证普查数据的保密性和安全性，采购了移动硬盘和U盘等专用存储设备进行数据资料的保存、传送。

2.2.3.3　资料的准备

开展清查、入户调查技术培训，并印发了《培训手册》《国民经济行业分类代码（2017）》《开州区区划代码》《清查、入户调查技术规定》《清查、入户调查表格及填报说明》等资料，保证指导员和普查员每人一份。

清查阶段，区普查办根据国家和市上下发的各类源名单，结合开州区生态环境局、统计局、工商局、国家电网等相关单位获取的2017年单位名录，形成了《开州区第二次污染源普查清查底册》。

2.2.3.4　制度的准备

根据国家和市普查办的要求，区普查办制定并下发了《重庆市开州区第二次全国污染源普查工作制度》，明确了区普查主要职责，普查员、指导员的管理制度，会议制度，重大事项报告制度，现场调查工作制度，数据审核校验制度，普查档案管理制度和普查数据保密工作制度等。

2.3　污染物核算方法

第二次全国污染源普查污染物核算主要有排污许可证执行报告核算法、监测数据核算法、产排污系数核算法等。具体普查对象的核算方法见表2-5。

表2-5　第二次全国污染源普查对象报表指标及污染物核算方法

类别	普查对象	普查报表及指标	污染物核算
工业污染源	工业行业产业活动单位	G101-1表~G107表，共24张表，904个指标	排污许可证；监测数据法；产排污系数法（物料衡算——基于实测和综合分析分行业分类制定核算污染物产生量和排放量）
	工业园区	G108表，30个指标	—
农业污染源	畜禽规模养殖场	N101-1表、N101-2表，共47个指标	产排污系数
	其他农业源	N201-1表至N203表，共5张表，179个指标	排放系数

续表 2-5

类别	普查对象	普查报表及指标	污染物核算
生活污染源	生活源锅炉	S103 表，共 44 个指标	产排污系数
	入河（海）排污口	S104 表，S105 表，共 19 个指标	规模以上排污口开展水质监测，城镇污水排放校核
	其他城镇	S201 表，共 25 个指标；S202 表，共 18 个指标	城镇废水：综合已有统计数据，结合排污口与集中式数据，核算城镇水污染物产生和排放量； 其他城镇废气：宏观数据估算排放； 城市挥发性有机物：排放系数
	其他农村	S101 表、S102 表、S106 表，共 73 个指标	农村废气：排放系数； 农村废水：产排污系数
集中式污染治理设施	集中式污染治理设施	J101-1 表～J104-3 表，共 10 张表，266 个指标	监测数据法或产排污系数
移动污染源	机动车	保有量：Y201-1 表，Y201-2 表；油品储运销：Y101 表～Y103 表，共 122 个指标	排放系数
	非道路移动机械	Y202-1 表～Y202-4 表，共 86 个指标	排放系数；工程机械、铁路、飞机、船舶国家普查机构组织统一核算

（1）工业污染源：开州区工业企业手工环境监测一年四次以上，而绝大部分企业未安装在线监测系统，所以工业企业污染源主要采用产排污系数法（物料衡算）核算其污染物的产生和排放量，只有建设管网并排入污水处理厂的企业，废水污染物排放量以污水处理厂的排放浓度核算。

（2）产排污系数法（物料衡算）：产排污系数法是指根据全国第二次污染源普查《产排污系数手册》提供的工业行业产排污系数，核算普查对象污染物的产生量和排放量。工业源产排污系数的科学性和准确性在很大程度上决定了工业源普查中污染物产生及排放量数据的准确性和可靠性，产排污系数项目研究给出了同一产品、同一原材料、同一工艺、同一规模（即“四同”）下的单位产品（原料）的污染物产排污系数。工业源产排污系数反映了工业企业在相对规范的条件下污染物排放的规律，既是理论上计算推导的值，又是实测大量企业得到的平均水平，能在一定样本数的基础上，较为客观反映各地、各类污染源总体上的排污状况。

（3）农业污染源：实际调查的基本信息和数据录入系统后，根据系统给定的产污或者排污系数核算其污染物的产生量和排放量。

（4）生活污染源：生活源锅炉，根据登记调查的能源消耗、污染治理情况等，用产排污系数核算污染物的产生排放量；入河（海）排污口，根据规定，开州区所有排污口无须监测，故不需要进行污染物核算；城镇居民生活由重庆市污染源普查办公室（简称市普查办）统一填报并核算；其他农村，根据居民生活基本信息，用产排污系数核算农村废水污染物的产生和排放量；储油库和加油站根据调查的信息，用排放系数核算污染物的排放量。

（5）集中式污染治理设施：根据登记填报的基本信息，用监测数据法核算污水处理厂（站）污染物的削减量，用监测数据法核算其他集中式污染物的产生排放量。

（6）移动污染源：机动车（含油品运输企业油罐车）、非道路移动机械用排污系数核算污染物排放量。

2.4　普查数据的质量管理

为确保开州区第二次全国污染源普查数据的科学性、真实性和准确性，规范开州区第二次全国污染源普查质量管理工作，开州区污染源普查办公室（简称区普查办）严格遵照相关文件精神，严抓污染源普查方案设计、普查人员选聘和培训，污染源清查，普查表填报、产排污核算学习、普查数据审核汇总、处理和上报等工作，确保普查的完整性、代表性、准确性、可靠性和科学性。

2.4.1　清查过程的质量管理

2018 年 4 月 20 日，区普查办召开了“开州区第二次全国污染源普查工作动员及清查工作培训会”。会上对全区普查指导员，40 个镇乡街道普查小组的分管领导、普查员和区普查办成员单位人员共 300 余人进行了集中培训，并对选取的 209 名普查员进行了考试。采取以调代训的形式，区普查办组织业务骨干对全区40个镇乡街道进行了调研，对普查员进行了现场培训与指导，提高了普查人员的业务和实际操作水平。在清查工作中按各乡镇、街道分清查小区进行，又将各个清查小区拉网式排查，实地访问、核实摸底，每个清查小区保证两名普查人员逐家逐户上门清查登记，把每一户的基本情况落实到位，确保“应查尽查，不重不漏”。

污染源普查清查工作历时将近1个月，各乡镇街道均圆满完成了任务，区普查办认真筛查，最终形成了污染源普查清查国家底册和入户调查汇总表，为下一步的普查工作奠定了坚实的基础。同时组织技术人员对整个清查工作进行了自查与评估，自查与评估工作覆盖清查工作全过程，主要包括前期准备、普查员和普查指导员选聘及管理、污染源清查等。质量核查覆盖所有污染源类别，包括工业污染源、农业污染源、生活污染源和集中式污染治理设施等。

2.4.2 入户调查阶段的质量管理

数据质量是污染源普查的生命，也是衡量普查成功与否的关键，要经得起历史检验。区普查办技术组所有指导员以园区企业和典型行业为重点产排污单位开展了开州区污染源普查的试点工作，通过现场调查，指导员掌握了表格的基本情况，熟悉了入户调查的流程和填表说明。试点工作后，区普查办技术组分三组对开州区各乡镇街道普查员进行了现场指导培训，提高了普查人员的业务和实际操作水平。同时聘请了三方机构重庆文理学院对开州区的污染源普查工作提供劳务和技术支撑。

乡镇街道普查结束后，区普查办会同重庆文理学院根据普查技术规定和填报制度，对每份普查表格进行了逐一审核，并填报了质量控制清单，审核合格的录入系统，不合格的退回普查员核实修改或重新调查填报。

2.4.3 数据汇总审核

清查、普查工作结束后，区普查办立即组织了技术人员对普查数据进行了仔细审核，根据审核结果填报了质量控制单。产排污核算后，区普查办对各类污染源的所有企业进行了自审，并根据国家下发的审核软件和污染源普查系统集中审核反馈的问题进行了逐一核实修改，保证了污染源普查数据的真实性、准确性和合理性。

在数据汇总审核的同时，为保证开州区普查工作做到“应查尽查，不重不漏”，按照国家要求，开州区开展了查漏补缺工作。在前期核对工商、统计、质监、电力、燃气等部门的企业名单基础上，区普查办收集了“2017年环境统计重点企业名单”“2017—2019年全区12369及其他信访投诉名单”“2017—2018年区控重点和一般监管对象名单”“区加油站油气回收治理名单”和“2017—2018年环境行政处罚台账”，结合重庆市普查办反馈的“2017—2019年重庆市市级行政处罚案件清单”“2018—2019年总档案名单”“2017—2019年全市环保部门移送公安机关行政拘留案件清单”和“2017—2019年来信来访名单”，形成了《开州区污染源基本单位名录比对核实清单》，各乡镇街道普查员按照清单逐一核实，最终未发现漏报企业。

2.4.4 质量核查

2.4.4.1 前期准备和清查

A 区普查办清查工作自查评估情况

清查工作结束后，区普查办组织专业技术人员对前期准备和整个清查的工作进行了自查与评估，自查与评估覆盖清查工作全过程，主要包括前期准备、普查员和普查指导员选聘及管理、污染源清查等。质量核查覆盖所有清查污染源类别，包括工业污染源、农业污染源、生活污染源、集中式污染治理设施等；核查采取抽样的方法进行，主要采取随机抽样，对核查区域和清查对象进行抽取；随机抽取不少于3个乡镇街道作为现场抽查样本，也可根据清查数据上报质量选取特定普查小区进行抽查；重点对本区内工业企业、畜禽规模养殖场、生活源锅炉、集中式污染治理设施和入河排污口等污染源清查调查单位名录、清查表填写、定位坐标等数据是否全面、正确；分别计算漏查率、重复率和错误率。核查时发现清查工作中有误的，必须补充清查；乡镇街道清查核查错误率高于5%的，视为不合格，必须重新清查一遍，直到核查过关为止。

漏查率、重复率和错误率的计算公式分别为：

$$漏查率 = \frac{漏查的普查对象数量}{核查确认的普查对象数量} \times 100\%$$

$$重复率 = \frac{重复的普查对象数量}{核查确认的普查对象数量} \times 100\%$$

$$错误率 = \frac{清查表信息填报错误的普查对象数量}{核查确认的普查对象数量} \times 100\%$$

检查具体情况如下。

（1）漏查率：只有工业污染源漏查普查对象 11 个，均为状态判定出现错误，导致漏查，漏查率为 1.86%。

（2）重复率：工业污染源、农业污染源畜禽规模养殖场、生活源锅炉、入河排污口和集中式污染治理设施均无重复。

（3）错误率：工业污染源、农业污染源畜禽规模养殖场、生活源锅炉、入河排污口和集中式污染治理设施错误共计 23 个，错误率为 3.90%。

最终经自查，开州区第二次全国污染源普查清查工作评估结果为“合格”。

B 市普查办对开州区清查工作质量核查

重庆市污染源普查办公室第十八核查组一行 11 人，分 5 个小组对开州区污染源普查清查工作进行了质量核查，其中工业企业 3 个核查小组、畜禽规模养殖场 1 个核查小组、入河排污口 1 个核查小组。按照国家和市级对于质量核查的抽查区域和抽查比例，抽取了开州区汉丰街道的九龙社区、迎宾社区、金州社区，赵家街道办事处的朝阳社区、帅兴社区、和平村委会、长安村委会共 7 个普查小区，同时对赵家街道办事处的工业园区进行了全覆盖核查，共核查工业企业 276 家、畜禽规模养殖场 29 家、入河排污口 1 个、生活源锅炉 3 台、集中式污染治理设施 3 个、生活垃圾处置场 1 个、危险废物集中处置场 1 个，实现了源的全覆盖。核查具体情况如下。

（1）漏查率：工业污染源漏查普查对象共计 8 个，其中工业 7 个、集中式污水处理设施 1 个，漏查率为 2.8%。

（2）重复率：工业污染源、农业污染源畜禽规模养殖场、生活源锅炉、入河排污口和集中式污染治理设施均无重复。

（3）错误率：工业污染源、农业污染源畜禽规模养殖场、生活源锅炉、入河排污口和集中式污染治理设施共计 17 个错误，其中工业污染源错误 11 个，错误率为 3.9%；畜禽规模养殖场错误 4 个，错误率为 1.4%；集中式污染治理设施错误 2 个，错误率为 0.3%。错误的清查信息填报主要是小区代码、状态、行业代码错误、入河排污口名称不规范。

市核查组对开州区污染源普查清查工作给予肯定，总体评价为“优”。

2.4.4.2　入户调查

数据质量是污染源普查的生命，也是衡量普查成功与否的关键，要经得起检验。开州区污染源普查工作依照《中华人民共和国统计法》和《全国污染源普查条例》相关规定，严格执行普查技术规范，按照“真实可用”和“应查尽查、不重不漏”原则，如实填报普查数据，切实防范数据失真，把质量控制贯穿于普查工作的全过程，层层审核把关，严格检查验收，确保污染源普查数据真实可靠。

按照重庆市第二次污染源普查领导小组办公室关于印发《重庆市第二次污染源普查入户调查市级质量核查工作方案》《重庆市第二次污染源普查入户调查市级质量核查技术要求》的通知，区污普办在乡镇街道完成入户调查工作后，立即组织了专业技术人员对入户调查工作进行了自查和评估。同时，市普查办也派驻检查组对开州区污染源普查入户调查工作进行了质量核查。检查组采取现场责令办理和事后跟踪督促整改的方式进行督办，现场共提出整改意见 157 条，区普查办立即进行了核实和修改。经自查和市级核查，评估结果均为“合格”。

2.4.4.3　普查数据质量评估

污染源普查入户调查表格收集审核后，普查三方机构重庆文理学院组织人员将数据和信息录入了“第二次全国污染源普查系统”，并认真学习了产排污系数手册和开展了各类源的产排污核算工作。为保证普查数据和产排污核算结果的准确性，区普查办按照相应规则对各类源数据进行了集中审核，对国家和市上审核下发的问题进行了逐一核实和修改。

按照重庆市第二次污染源普查领导小组办公室《关于关于开展重庆市第二次污染源普查质量核查工作的通知》的要求，区普查办组织人员对污染源普查工作进行了自查。自查采取全面核查和抽样的方法进行，全面核查以国家集中会审和市污普办审核发现的问题为主导，各相关部门对负责源的问题进行核实。抽样主要采取随机抽样的方法，区污普办对各类污染源抽取一定比例的调查对象进行质量核查与评估：其中工业源普查 985 家，抽取 5%以上，共抽取 50 家；农业源（畜禽规模养殖场）普查 146 家，抽取 20 家；生活源普查 411 家（个、台），抽取行政村 21 个，入河排污口 7 个，生活源锅炉 3 台，加油站 10 家，合计抽取 30 家（个、台）；集中式普查 78 家，抽取 10 家。

自查抽取的各类源涉及关键指标总数2900个，其中工业源2202个，农业源290个，集中式110个，生活源298个。关键指标出现差错的有7个，指标差错率0.241%；其中工业源错误指标5个，指标差错率0.227%；农业源错误指标2个，指标差错率0.689%。

自查后，按照市普查办要求，开州区和云阳县进行了交叉检查。云阳县污染源普查办一行4人于2019年8月15—16日对开州区的污染源普查工作进行了质量核查和评估，共抽取各类源120家（个、台），其中包括工业源50家、农业源（畜禽规模养殖场）20家、集中式10家、生活源41家行政村10个、入河排污口18个、生活源锅炉3家）、加油站10家。现场复核工业企业5家（市级下发重点工业企业4家、自选1家）。

经云阳检查组核查，开州区污染源普查工作工业源抽取50家，涉及关键指标2154个，出现差错关键指标16个，指标差错率0.74%；农业源（畜禽规模养殖场）抽取20家，涉及关键指标共280个，出现差错关键指标1个，指标差错率0.36%；集中式污染治理设施抽取10家，涉及关键指标共286个，出现差错关键指标1个，指标差错率0.35%；生活污染源抽取40家（个），其中行政村10个、入河排污口18个、生活源锅炉2家、加油站10家，涉及关键指标224个，出现差错关键指标0个，指标差错率为0。

核查共抽取普查对象120家（个），涉及关键指标2944个，关键指标出现差错18个，指标错误率0.61%，综合错误率和各类源分项错误率均低于1%，评估结果为“优”。

2.4.4.4 对普查整体评价

按照国家和市普查办对清查、普查的有关要求，开州区精心组织，认真实施，结合实际情况，制定了具体的清查、普查实施方案。全面、具体地做好清查、普查工作，力争做到“应查尽查、不重不漏”。为确保普查工作质量，区普查办采取了严格的质量控制措施，加大了查漏补缺力度，进行督促、检查和指导，保证了污染源普查数据的真实性、准确性和合理性。

普查数量和各类源比例：开州区第二次全国污染源普查各类污染源总数1620家（个、台）。工业污染源普查数量985家，占普查总数的60.80%；农业污染源（畜禽规模养殖场）普查数量146家，占普查总数的9.01%；生活污染源普查数量411家（个、台），占普查总数的25.38%；集中式污染治理设施普查数量78家，占普查总数的4.81%；移动污染源普查数量为0。

工业污染源发放普查表格985套，收回985套，收回比例为100%；农业污染源（畜禽规模养殖场）发放普查表格146套，收回146套，收回比例为100%；生活污染源发放普查表格411套，收回411套，收回比例为100%；集中式污染治理设施发放普查表格78套，收回78套，收回比例为100%；移动污染源未发放普查表格（无油品运输企业，其余由市普查办统计汇总）。

普查与清查数量不一致的原因如下。

（1）清查工作由于时间紧迫，对于一些多次更名或同一公司以不同名字注册的企业，未能及时发现，按照“宁多勿缺”的清查原则予以保留。

（2）具体普查时才发现，有的企业更名没有注销原有名称，或一家企业存在两个以上的名字，最终导致清查汇总名单和普查对象不一致。

整个普查工作，区普查办按照上级要求，严格把控质量关，积极开展审核工作，2019年7月18日—8月19日期间进行集中自审，共修改678条不合理数据，为普查数据定库奠定了坚实的基础。

通过严格自查评估和上级普查办对开州区的质量核查，总体来说开州区第二次全国污染源普查工作质量合格，普查范围全面完整，做到了“应查尽查，不重不漏”，普查结果真实，普查数据可靠。

3　普查对象数量与分布情况

3.1　开州区污染源普查对象数量

3.1.1　清查及清查对象数量

清查阶段，根据市普查办下发的名单，结合从区环保、统计、工商质监、国家电网等单位收集的2017年单位名录信息，区普查办认真汇总，逐一核对，形成了初步的开州区清查名录底册。经乡镇街道普查员现场逐一清查核实，对符合范围要求的污染源填报了清查表和汇总表，区普查办审核后进行了整理和汇总，最终形成了开州区第二次全国污染源普查清查国家底册和清查汇总表，为开展污染源普查的入户调查工作提供了重要依据。

通过清查摸底和收集各级企业名单，开州区共现场清查各类污染源7127家，其中工业污染源5841家，占清查总数的81.96%；农业污染源978家，占清查总数的13.72%；生活污染源208个（台），含83台锅炉、入河排污口125个，占清查总数的2.92%；集中式污染治理设施100家，占清查总数的1.40%。开州区污染源普查清查分类源统计见表3-1，污染源普查清查污染源类别比例如图3-1所示。

表3-1　开州区污染源普查清查分类源统计表

序号	污染源类别	清查底册数量/家	清查总数占比/%	其中市上下发/家	其中区收集/家
1	工业源	5841	81.96	5807	34
2	农业源	978	13.72	952	26
3	集中式污染治理设施	100	1.40	99	1
4	生活源（生活锅炉）	83	1.17	36	47
5	生活源（入河排污口）	125	1.75	0	125
合计		7127	100	6891	236

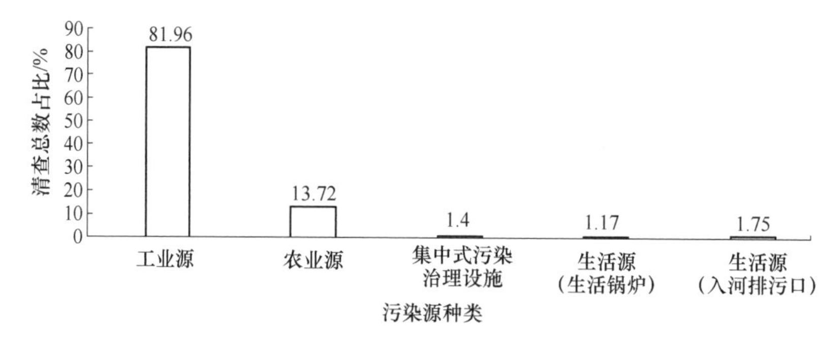

图 3-1　开州区污染源普查清查污染源类别比例图

3.1.2　普查及普查对象数量

虽然清查对象数量多，清查工作任务重、时间紧，但是在广大普查员的努力下，清查工作进展十分迅速，20 天时间内各乡镇街道均完成了清查任务并上报了清查表格。

按照国家污染源普查的相关规定，区普查办对清查表格进行了逐一审核，最终开州区符合污染源普查条件并纳入普查的各类污染源共 1620 家（个或台）：工业污染源 985 家，占普查总数的 60.80%；农业污染源（畜禽规模养殖场）146 家，占普查总数的 9.01%；生活源 411 家（含生活源锅炉 3 台、行政村 345 个、加油站 63 家），占普查总数的 25.38%；集中式污染治理设施 78 家，占普查总数的 4.81%；移动源数量为 0。开州区污染源普查对象分类源统计见表 3-2，污染源普查对象分类源比例如图 3-2 所示。

表 3-2　开州区污染源普查对象分类源统计表

序号	污染源类别	普查数量/家（或个、台）	普查总数占比/%
1	工业源	985	60.80
2	农业源	146	9.01
3	集中式污染治理设施	78	4.81
4	生活源（生活锅炉）	3	0.19
5	生活源（行政村）	345	21.30
6	生活源（加油站）	63	3.89
7	移动源	0	0.00
合　计		1620	100.00

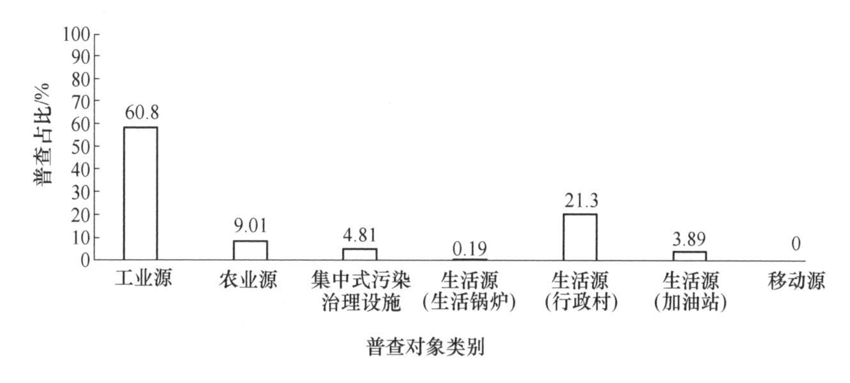

图 3-2 开州区污染源普查对象分类源比例图

工业污染源：经乡镇街道普查员清查，上报工业企业普查对象 1004 家。按照国家对纳入普查企业的范围要求，区普查办对乡镇街道上报的清查名单和表格进行了严格筛选对比，最终核实有 19 家企业属于重复对象或者在 2017 年底已经关闭，按规定不应纳入普查，所以最终符合普查条件并填报普查表格的工业企业 985 家。

农业污染源：农业污染源（畜禽规模养殖场）与工业污染源清查工作同步进行，经乡镇街道普查员清查，上报普查的畜禽规模养殖场 146 家。按照国家对纳入普查企业的范围要求，区普查办对乡镇街道上报的清查名单和表格进行了严格筛选比对，最终核实 146 家畜禽规模养殖场符合普查范围要求，因此填报普查表格的农业污染源 146 家。

生活污染源：根据相关部门和各乡镇街道清查上报的结果和表格，区普查办进行了严格筛查，经对比国家统计部门资料核实，部分行政村在建成区内，不纳入农村排污核算。因此，开州区第二次全国污染源普查生活污染源普查对象共计 411 家（个、台），其中生活源锅炉 3 台、行政村 345 个、加油站 63 家。

集中式污染治理设施：开州区集中式污染治理设施国家下发名单共计 99 家，经区污普办人员逐一比对核实，剔除重复的企业、2017 年底之前关闭的企业和工程治理建设类等不符合范围要求的企业，最终清查集中式污染治理设施 79 家。入户调查后，按照国家要求，“重庆市开州区双兴再生能源有限公司”危险废物经营处置单位只在工业污染源中填报，按要求删除，所以开州区最终集中式污染治理设施共普查 78 家，其中包括 31 家农村污水处理站，42 家城镇污水处理厂，4 家生活垃圾处置场和 1 家危险废物（医疗废物）处置场。

移动污染源：开州区无油品运输企业，其他移动污染源由市普查办收集相关管理部门资料后统计汇总并进行核算，故移动污染源普查对象数量为 0。

3.1.3　乡镇街道普查对象分布情况

各类污染源普查数量根据乡镇街道分布统计，1620 个普查对象开州区 40 个乡镇街道均涉及，具体分布情况见表 3-3。

表 3-3　开州区乡镇街道各类源普查数量统计表

序号	乡镇街道	污染普查源数量/个（或家）	普查总数占比/%	工业源/家	农业源/家	生活源/个（或家）	集中式治理设施/个	移动源/家
1	赵家街道办事处	117	7.22	86	12	15	4	0
2	临江镇	103	6.36	55	21	21	6	0
3	白鹤街道办事处	101	6.23	70	13	16	2	0
4	岳溪镇	86	5.31	57	7	20	2	0
5	南门镇	71	4.38	30	20	19	2	0
6	长沙镇	62	3.83	37	2	19	4	0
7	敦好镇	56	3.46	31	4	18	3	0
8	温泉镇	56	3.46	37	3	14	2	0
9	郭家镇	55	3.40	33	7	13	2	0
10	铁桥镇	54	3.33	33	2	16	3	0
11	大进镇	45	2.78	30	1	13	1	0
12	丰乐街道办事处	44	2.72	41	2	1	0	0
13	镇安镇	41	2.53	25	8	7	1	0
14	中和镇	40	2.47	23	0	12	5	0
15	竹溪镇	38	2.35	22	1	12	3	0
16	大德镇	37	2.28	23	2	11	1	0
17	汉丰街道办事处	37	2.28	30	1	4	2	0
18	文峰街道办事处	36	2.22	30	0	6	0	0
19	厚坝镇	34	2.10	20	6	6	2	0
20	九龙山镇	34	2.10	18	0	12	4	0

续表 3-3

序号	乡镇街道	污染普查源数量/个（或家）	普查总数占比/%	工业源/家	农业源/家	生活源/个(或家)	集中式治理设施/个	移动源/家
21	谭家镇	33	2.04	18	7	7	1	0
22	和谦镇	32	1.98	26	1	4	1	0
23	高桥镇	28	1.73	19	2	6	1	0
24	巫山镇	27	1.67	14	0	11	2	0
25	河堰镇	26	1.60	10	3	12	1	0
26	三汇口乡	26	1.60	8	6	10	2	0
27	云枫街道办事处	25	1.54	23	0	2	0	0
28	麻柳乡	25	1.54	11	0	12	2	0
29	满月乡	25	1.54	13	2	7	3	0
30	南雅镇	24	1.48	11	3	9	1	0
31	渠口镇	24	1.48	9	5	8	2	0
32	义和镇	24	1.48	12	0	8	4	0
33	镇东街道办事处	24	1.48	19	0	5	0	0
34	紫水乡	23	1.42	12	0	10	1	0
35	天和镇	22	1.36	9	2	9	2	0
36	白桥镇	19	1.17	7	2	9	1	0
37	关面乡	18	1.11	10	0	7	1	0
38	金峰镇	17	1.05	8	1	7	1	0
39	白泉乡	17	1.05	8	0	7	2	0
40	五通乡	14	0.86	7	0	6	1	0
合计		1620	100.00	985	146	411	78	0

注：表中“普查总数占比”保留两位小数，合计数据因小数取舍而产生的误差，均未做机械调整。

由表 3-3 得知，开州区污染源乡镇街道分布情况总体来说符合实际，比较合理。污染源城市区域（汉丰街道办事处、云枫街道办事处和文峰街道办事处）分布的数量一般，主要分布在工业园区的两个街道（赵家街道办事处、白鹤街道办事处）和开州区较大的乡镇（临江镇、岳溪镇）。离城市偏远的乡镇街道分布数量较少。

分布最多的三个乡镇街道共普查各类污染源 321 家，占全区普查总数的近 20%。其中，赵家街道办事处普查污染源 117 家，占全区普查总数的 7.22%；临江镇普查污染源 103 家，占全区普查总数的 6.36%；白鹤街道办事处普查污染源 101 家，占全区普查总数的 6.23%。

分布最少的三个乡镇街道共普查污染源 48 家，占全区普查总数的不到 3%。其中五通乡普查污染源 14 家，占全区普查总数的 0.86%；白泉乡普查污染源 17 家，占全区普查总数的 1.05%；金峰镇普查污染源 17 家，占全区普查总数的 1.05%。

3.2　普查对象数量与一污普对比

3.2.1　普查范围与一污普对比

普查范围对比一污普，第二次全国污染源普查共涉及五种污染源，一污普有工业污染源、农业污染源、生活污染源和集中式污染治理设施。对比一污普，二污普增加了移动污染源（一污普将机动车污染物排放情况纳入生活源普查和核算），具体分布情况见表 3-4。

表 3-4　污染源普查范围与一污普对比情况表

来源	工业污染源	农业污染源	生活污染源	集中式污染治理设施	移动污染源
一污普	GB/T 4754—2002 中除建筑业（含 4 个行业）的 39 个行业	第一产业中的农业、畜牧业和渔业	第三产业中有污染物排放的单位和城镇居民生活污染源情况	1. 城镇污水处理厂、集中式工业污水处理厂、其他污水处理设施； 2. 垃圾填埋场、垃圾焚烧厂、垃圾堆肥场； 3. 危险废物处理处置厂、医疗废物处理处置厂	机动车（纳入生活源）
二污普	GB/T 4754—2017 中行业大类 06-46 的 41 个行业	增加对散户（50 头以下）的调查	增加农村居民生活污染源情况，增加了加油站和储油库	1. 增加农村集中污水处理厂； 2. 增加协同处置垃圾的企业，增加餐厨垃圾处理厂，增加简易垃圾处理厂； 3. 增加协同处置危险废物的企业	增加非道路移动源、增加了油品运输企业

(1) 工业污染源：一污普普查《国民经济行业分类》第二产业中除建筑业（含4个行业）外39个行业中的所有产业活动单位。工业源普查对象划分为重点污染源和一般污染源，分别进行详细调查和简要调查；二污普普查《国民经济行业分类》（GB/T 4754—2017）行业大类代码为06~46的41个行业的全部工业企业，同时对可能伴生天然放射性核素的8类重点行业15个类别矿产采选、冶炼和加工产业活动单位进行放射性污染源调查。

(2) 农业污染源：一污普和二污普普查范围基本一致，只是二污普增加对畜禽养殖散户（50头以下）的调查。

(3) 生活污染源：一污普普查第三产业中有污染物排放的单位和城镇居民生活污染。第三产业普查范围主要是具有一定规模的住宿业、餐饮业、居民服务和其他服务业（包括洗染、理发及美容保健、洗浴、摄影扩印、汽车与摩托车维修与保养业）、医院、具有独立燃烧设施的机关事业单位、机动车、民用核技术利用和大型电磁辐射设施使用单位。城镇居民生活污染普查以城市市区、县城、建制镇为单位（不包括村庄和集镇）进行生活能源消耗量和生活污水、生活垃圾排放量的调查。对比一污普，二排污将其中的机动车单独列入了移动污染源调查，增加了农村居民生活污染物排放情况调查，增加了加油站和储油库的调查。

(4) 集中式污染治理设施：一污普普查范围是城镇污水处理厂、垃圾处理厂（场）和危险废物处置厂等。二污普在一污普基础上增加了农村集中污水处理厂；增加协同处置垃圾的企业，增加餐厨垃圾处理厂，增加简易垃圾处理厂；增加协同处置危险废物的企业的调查。

(5) 移动污染源：一污普无单独移动污染源调查，机动车列入生活污染源；二污普增加移动污染源普查，包括机动车，同时增加了非道路移动源和油品运输企业的调查。

3.2.2 普查数量与一污普对比

开州区第二次全国污染源普查各类污染源共计1620家（个、台），一污普普查数量为2527家（个、台），二污普普查数量比一污普减少907家（个、台），相比减少35.89%，具体分布情况见表3-5和图3-3。

表 3-5　二污普与一污普普查数量对比情况

序号	污染源类别	一污普普查数量/家（或个、台）	二污普普查数量/家（或个、台）
1	工业源	1011	985
2	农业源	548	146
3	集中式污染治理设施	7	78
4	生活源	961	411
5	移动源	0	0
合　计		2527	1620

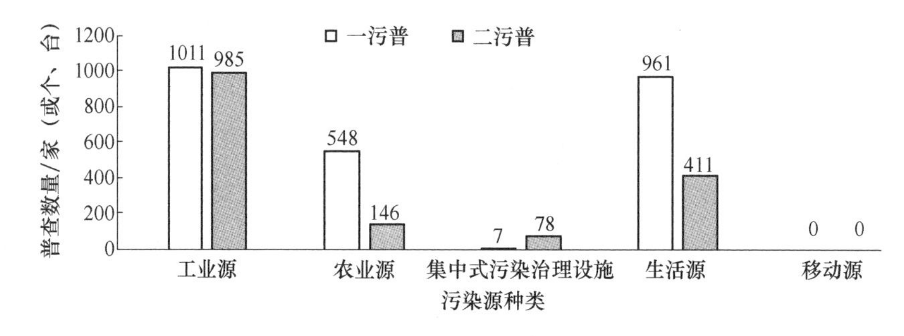

图 3-3　二污普与一污普普查数量对比图

工业污染源：一污普普查工业企业 1011 家，涉及行业大类 28 类；二污普普查工业企业 985 家，涉及行业大类 30 类。二污普工业企业普查数量比一污普减少 26 家，相比减少 2. 57%。

对比一污普，按照行业（大类）分类，二污普普查数量减少最多的五个行业依次为代码 06“煤炭开采和洗选业”减少 139 家，主要近年来为进一步调整优化煤炭产业结构，确保煤矿安全生产，开州区执行相关政策，对所有中小型煤矿全部进行关停，目前只有 3 家煤炭开采企业正常生产；代码 30“非金属矿物制品业”减少 89 家，主要是随着市场竞争增大，社会需求减少，一些砖厂和水泥制品制造企业自行关闭或转型；代码 41“其他制造业”减少 36 家；代码 07“石油和天然气开采业”减少 29 家，主要是统计口径不一致，二污普以企业数量为统计口径调查天然气开采总量，一污普则以采掘井数量为统计口径；代码 17“纺织业”减少 24 家，主要是纺织行业关闭，并且一污普将服装服饰制造企业纳入了该行业。

对比一污普，按照行业（大类）分类，二污普普查数量增加最多的五个行业依次为代码 18“纺织服装、服饰业”增加 68 家，主要是统计口径不一致，一污普将服装服饰制造归类于纺织业，另外二污普增加普查了较多的门市微型服装制造企业；代码 15“酒、饮料和精制茶制造业”增加 67 家，主要增加的是作坊式白酒制造企业；代码 14“食品制造业”增加 43 家，主要增加是米、面制品制造的门市型作坊企业；代码 10“非金属矿采选业”增加 41 家，主要增加的是河道采砂企业；代码 46“水的生产和供应业”增加 26 家，主要增加的是乡镇街道和村级的自来水生产供应企业。具体情况见表 3-6。

表 3-6 工业分行业（大类）二污普普查数量对比一污普表

行业名称（大类）	行业代码（大类）	一污普普查数量/家	二污普普查数量/家
煤炭开采和洗选业	06	144	5
石油和天然气开采业	07	30	1
非金属矿采选业	10	20	61
农副食品加工业	13	110	112
食品制造业	14	38	81
酒、饮料和精制茶制造业	15	123	190
纺织业	17	29	5
纺织服装、服饰业	18	0	68
皮革、毛皮、羽毛及其制品和制鞋业	19	4	12
木材加工和木、竹、藤、棕、草制品业	20	45	59
家具制造业	21	51	46
造纸和纸制品业	22	10	3
印刷和记录媒介复制业	23	7	11
文教、工美、体育和娱乐用品制造业	24	0	2
石油加工、炼焦和核燃料加工业	25	4	1
化学原料和化学制品制造业	26	10	15
医药制造业	27	2	2
橡胶和塑料制品业	29	9	12
非金属矿物制品业	30	221	132
有色金属冶炼和压延加工业	32	1	0
金属制品业	33	15	11
专用设备制造业	35	2	2

续表 3-6

行业名称（大类）	行业代码（大类）	一污普普查数量/家	二污普普查数量/家
汽车制造业	36	0	4
铁路、船舶、航空航天和其他运输设备制造业	37	11	1
电气机械和器材制造业	38	0	10
计算机、通信和其他电子设备制造业	39	3	5
其他制造业	41	39	3
废弃资源综合利用业	42	6	18
金属制品、机械和设备修理业	43	0	1
电力、热力生产和供应业	44	37	49
燃气生产和供应业	45	3	0
水的生产和供应业	46	37	63
合　计	1011	985	

注：表中“行业名称（大类）”和“行业代码（大类）”均采用《国民经济行业分类与代码》（GB 4754—2017），与一污普的《国民经济行业分类与代码》（GB 4754—2002）有部分差异，如 GB 4754—2002，大类 29 为橡胶制品业，30 为塑料制品业；GB 4754—2017 统一归类为 29 橡胶和塑料制品业，故一污普行业名称对比二污普做了人工调整。

农业污染源：一污普农业源普查 548 家，二污普普查 146 家，二污普比一污普减少 402 家，相比减少 73.36%。这主要是因为普查口径不一致，二污普发放表格普查的农业源 146 家，均为畜禽规模养殖场；一污普普查数量，不仅包括规模以上的养殖场，还包括了规模以下的养殖户。

生活污染源：一污普普查生活源 961 家（个、台），二污普生活源普查 411 家（个、台），二污普比一污普减少 550 家（个、台），相比减少 57.23%。这主要是因为调查范围的不一致，而且区别较大。一污普调查第三产业中有污染物排放的单位，包括了调查住宿业 45 家、餐饮业 529 家、洗染业 5 家、理发 200 家、洗浴 7 家、扩印 5 家、洗车 73 家、医院 41 家、独立燃烧设施 34 个、城镇居民生活源 22 个；二污普开州区生活源调查类别为生活源锅炉调查 3 台、加油站调查 63 家、行政村调查 345 个（其他城镇居民生活由市普查办汇总统一）。

集中式污染治理设施：一污普普查集中式污染治理设施 7 家，二污普普查 78 家，二污普普查数量是一污普的 11 倍。一是二污普比一污普增加了调查范围和对象，比如增加了农村集中污水处理厂、协同处置垃圾的企业、餐厨垃圾处理厂等；二是开州区逐渐重视农村生活污水的收集和处理，并修建了一些农村集中污水处理站，三是为改善开州区水环境质量，保证城镇居民生活污水和工业废水处理后达标排放，加快推进了城镇污水处理厂及管网的建设和运行。

移动污染源：一污普未单独提出移动污染源普查，机动车归属于生活污染源；二污普机动车、非移动道路污染源均由市普查办根据相关部门资料统计汇总，而开州区无油品运输企业，所以两次污染源普查，移动源普查数量均为0。

3.3 本 章 小 结

总体来说，根据普查数量乡镇街道分布情况分析，开州区第二次污染源普查数量分布符合实际情况，比较合理。大的乡镇街道分布较多，例如赵家街道办事处和白鹤街道办事处普查数量最大，主要两个街道办事处是开州区工业园区的聚集地，分布了大量的园区企业；较大的临江镇、岳溪镇各类源普查数量也排名靠前。距离城市偏远的乡镇街道普查数量较少，主要是因为开州区地处渝东北山区，偏远乡镇街道受人口，交通影响较大，企业分布较少，且多为小微型作坊式企业。

对比一污普普查数量分析，工业源总体持平，但是相对污染较重的企业减少较多。一是煤矿开采企业，执行相关政策，全区中小型煤矿全部关停，目前只有3家国有控股企业进行煤炭开采；二是非金属矿物制品业，烧制砖瓦企业关闭较多，减少了大量的煤炭消耗和气污染物排放；三是规模以下的水泥、造纸厂关闭，坚决执行淘汰落后产能，完成主要污染源总量减排任务，十年以来，开州区水泥厂关闭后只保留一家生产运行，造纸和纸制品业相对一污普减少70%，二污普只有3家，且其中1家利用纸浆进行造纸，另外两家采购原材料为纸，机械加工生产纸制品，不产生废水及污染物。

农业源减少数量较多。主要是调查统计口径不一致，二污普只对畜禽规模养殖场发放表格进行了普查，不单独调查规模以下的养殖户。另外十年以来，开州区十分重视农业点源和面源污染的防治，为改善水环境质量，特别是保护“鲤鱼塘饮用水源地”和“汉丰湖”，多个部门联合，关闭了较多的养殖场（户）。

生活污染源普查数量大幅度减少，主要是因为普查范围的不一致。但是按照市普查办的要求，区普查办做好开州区生活源普查的同时，也开展了增项调查，共计增项调查餐饮、学校、汽修、客运站、码头等169家。

集中式污染治理设施翻倍增加。虽然二污普增加了集中式污染治理设施的调查范围，但从污水处理设施数量分析，二污普比一污普增加了40个城镇污水处理厂和31个农村污水处理站。总体来说，开州区十分重视污水处理厂及配套管网的建设，不断提高开州区生活、工业废水的收集率和处理率，来保障开州区的水环境质量。

4 主要污染物普查结果分析

4.1 废水污染物产生与排放

2017 年开州区废水排放 151.3289×10^4m^3，废水污染物化学需氧量产生 33506.03t，排放 5094.50t；氨氮产生 325.86t，排放 140.13t；总氮产生 2289.63t，排放 986.12t；总磷产生 378.89t，排放 131.97t；五日生化需氧量产生 9.70t，排放 0.13t；石油类产生 0.37t，排放 0.07t；挥发酚产生 0.063kg，排放 0.063kg；氰化物产生 0.014kg，排放 0.014kg；重金属（铅、汞、镉、铬和类金属砷）产生 11.668kg，排放量 1.898kg。具体分布情况见表 4-1。

废水排放统计数据只包括工业源废水和集中式污染治理设施废水。农业污染源废水排放量未要求核算统计，开州区废水排放量不含农业源废水；生活污染源的城镇居民废水排放情况由市普查办统计，所以城镇居民生活废水及污染物排放量未在统计范围内。

4.1.1 工业源废水及污染物产排情况

2017 年开州区工业废水污染物产生排放情况为：化学需氧量产生 628.91t，排放 99.80t，经处理削减 529.11t，削减率 84.13%；氨氮产生 17.64t，排放 4.04t，经处理削减 13.60t，削减率 77.10%；总氮产生 33.78t，排放 11.51t，经处理削减 22.27t，削减率 65.93%；总磷产生 3.40t，排放 0.85t，经处理削减 2.55t，削减率 75.00%；石油类产生 0.37t，排放 0.07t，经处理削减 0.30t，削减率 81.08%；挥发酚产生 0.063kg，排放 0.063kg，未削减；氰化物产生 0.014kg，排放 0.014kg，未削减；重金属（铅、汞、镉、铬和类金属砷）产生 10.007kg，排放 1.367kg，经处理削减 8.640kg，削减率 86.34%。具体分布情况见表 4-2 和图 4-1。

表 4-1 开州区 2017 年废水及污染物产生排放情况表

指标名称	指标值										
	总量/t	工业源/t	总量占比/%	农业源/t	总量占比/%	生活源/t	总量占比/%	集中式治理设施/t	总量占比/%	移动源/t	总量占比/%
废水排放量	151.3289× $10^4 m^3$	151.0369× $10^4 m^3$	99.81	—	—	—	—	0.2920× $10^4 m^3$	0.19	—	—
化学需氧量产生量	33506.03	628.91	1.88	32848.68	98.04	—	—	28.44	0.08	—	—
化学需氧量排放量	5094.50	99.80	1.96	4993.63	98.02	—	—	1.07	0.02	—	—
氨氮产生量	325.86	17.64	5.41	308.22	94.59	—	—	—	—	—	—
氨氮排放量	140.13	4.04	2.88	135.86	96.95	—	—	0.23	0.16	—	—
总氮产生量	2289.63	33.78	1.48	2248.07	98.18	—	—	7.78	0.34	—	—
总氮排放量	968.12	11.51	1.19	956.29	98.78	—	—	0.32	0.03	—	—
总磷产生量	378.89	3.40	0.90	375.37	99.07	—	—	0.12	0.03	—	—
总磷排放量	131.97	0.85	0.64	131.08	99.33	—	—	0.04	0.03	—	—
五日生化需氧量产生量	9.70	—	—	—	—	—	—	9.70	100.00	—	—
五日生化需氧量排放量	0.13	—	—	—	—	—	—	0.13	100.00	—	—
动植物油产生量	0.00	—	—	—	—	—	—	0.00	—	—	—

续表 4-1

指标名称	指　标　值										
	总量/t	工业源/t	总量占比/%	农业源/t	总量占比/%	生活源/t	总量占比/%	集中式治理设施/t	总量占比/%	移动源/t	总量占比/%
动植物油排放量	0.00	—	—	—	—	—	—	0.00	—	—	—
石油类产生量	0.37	0.37	100.00	—	—	—	—	—	—	—	—
石油类排放量	0.07	0.07	100.00	—	—	—	—	—	—	—	—
挥发酚产生量	0.063kg	0.063kg	100.00	—	—	—	—	0.00	0.00	—	—
挥发酚排放量	0.063kg	0.063kg	100.00	—	—	—	—	0.00	0.00	—	—
氰化物产生量	0.014kg	0.014kg	100.00	—	—	—	—	0.00	0.00	—	—
氰化物排放量	0.014kg	0.014kg	100.00	—	—	—	—	0.00	0.00	—	—
重金属（铅、汞、镉、铬和类金属砷）产生量	11.667kg	10.007kg	85.77	—	—	—	—	1.660kg	14.23	—	—
重金属（铅、汞、镉、铬和类金属砷）排放量	1.898kg	1.367kg	72.02	—	—	—	—	0.531kg	27.98	—	—

注：1. 表中废水排放量四位小数为实际调查值，未对小数进行取舍；

2. 废水污染物计量单位为“t”的，保留两位小数，计量单位为“kg”的，保留三位小数。

表 4-2 开州区工业废水及污染物产生排放情况表

污染物名称	产生量/t	排放量/t	削减量/t	削减率/%
化学需氧量	628.91	99.80	529.11	84.13
氨氮	17.64	4.04	13.60	77.10
总氮	33.78	11.51	22.27	65.93
总磷	3.40	0.85	2.55	75.00
石油类	0.37	0.07	0.30	81.08
挥发酚	0.06kg	0.06kg	0.00	0.00
氰化物	0.01kg	0.01kg	0.00	0.00
重金属（铅、汞、镉、铬和类金属砷）	10.01kg	1.37kg	8.64kg	86.34

注：表中所有数据均保留两位小数。

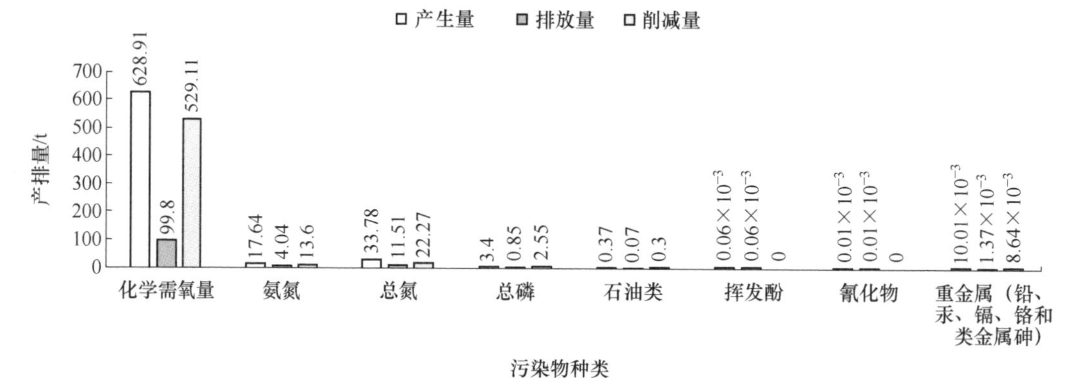

(a)

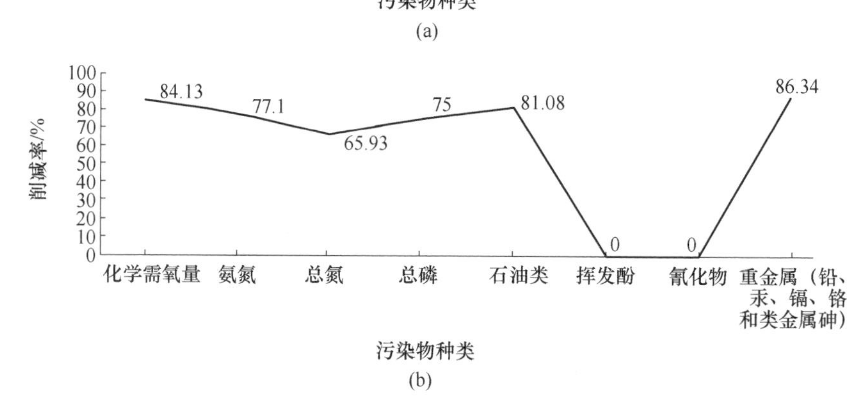

(b)

图 4-1 开州区工业废水污染物产生排放图

(a) 排量；(b) 削减率

4.1.2 农业源废水及污染物产排情况

2017 年开州区农业源废水污染物产生排放情况为：化学需氧量产生

32848.68t，排放4993.63t，经处理削减27855.05t，削减率84.80%；氨氮产生308.22t，排放135.86t，经处理削减172.36t，削减率55.92%；总氮产生2248.07t，排放956.29t，经处理削减1291.78t，削减率57.46%；总磷产生375.37t，排放131.08t，经处理削减244.29t，削减率65.08%。具体分布情况见表4-3和图4-2。

表4-3 开州区农业废水污染物产生排放情况表

污染物名称	产生量/t	排放量/t	削减量/t	削减率/%
化学需氧量	32848.68	4993.63	27855.05	84.80
氨氮	308.22	135.86	172.36	55.92
总氮	2248.07	956.29	1291.78	57.46
总磷	375.37	131.08	244.29	65.08

注：表中所有数据均保留两位小数。

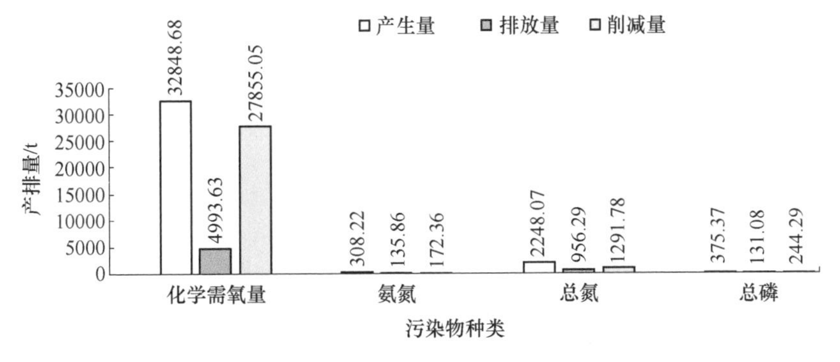

图4-2 开州区农业源废水污染物产生排放图

4.1.3 集中式污染治理设施废水及污染物产排情况

2017年开州区集中式污染治理设施废水污染物产生排放情况为：化学需氧量产生28.44t，排放1.07t，经处理削减27.37t，削减率96.24%；氨氮产生6.55t，排放0.23t，经处理削减6.32t，削减率96.49%；总氮产生7.78t，排放0.32t，经处理削减7.46t，削减率95.89%；总磷产生0.12t，排放0.04t，经处理削减0.08t，削减率66.67%；五日生化需氧量产生9.70t，排放0.13t，经处理削减9.57t，削减率98.66%；重金属（铅、汞、镉、铬和类金属砷）产生1.660kg，排放0.531kg，经处理削减1.129kg，削减率68.01%。具体分布情况见表4-4和图4-3。

表 4-4 开州区集中式污染治理设施废水污染物产生排放情况表

污染物名称	产生量/t	排放量/t	削减量/t	削减率/%
化学需氧量	28.44	1.07	27.37	96.24
氨氮	6.55	0.23	6.32	96.49
总氮	7.78	0.32	7.46	95.89
总磷	0.12	0.04	0.08	66.67
五日生化需氧量	9.70	0.13	9.57	98.66
重金属（铅、汞、镉、铬和类金属砷）	1.660kg	0.531kg	1.129kg	68.01

注：集中式污水处理设施只算削减量，所以表中污染物相关数据只包括生活垃圾处理场和危险废物处置厂的合计量。污染物产生和排放数据单位为“t”的，保留两位小数；单位为“kg”的，保留三位小数。

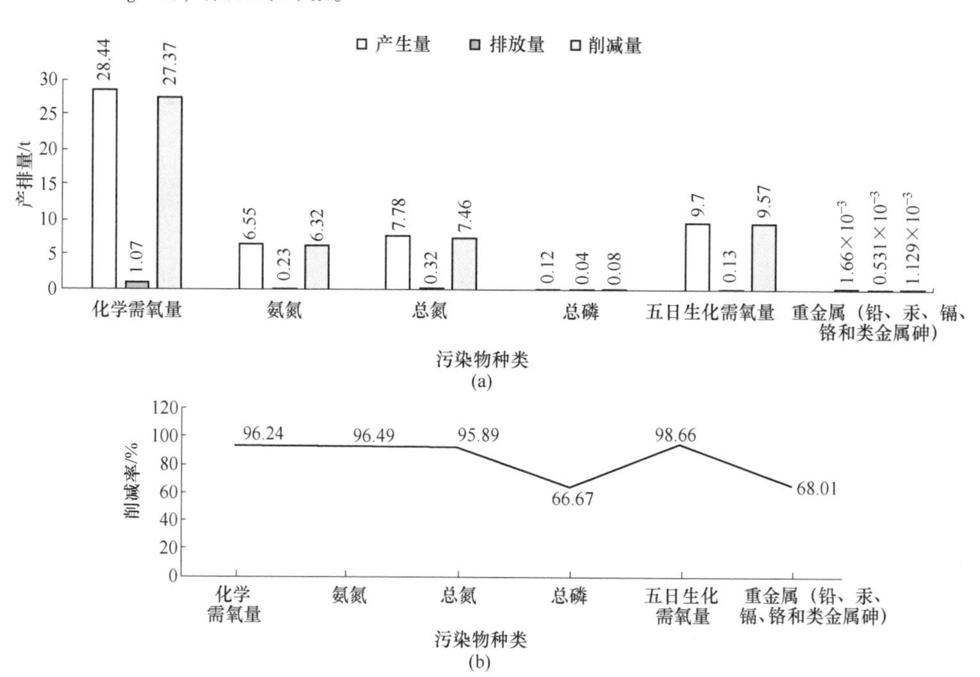

图 4-3 开州区集中式污染治理设施废水污染物产生排放图

（a）排量；（b）削减率

4.2 废气污染物产生与排放

2017 年开州区废气排放量 2547443.2342×10^4m^3，二氧化硫排放量 3216.96t，氮氧化物排放量 2024.59t，颗粒物排放量 7498.21t，挥发性有机物排放量 895.05t，具体分布情况见表 4-5。

表 4-5 开州区 2017 年废气及污染物产生排放情况表

指标名称	指标值										
	总量/t	工业源/t	总量占比/%	农业源/t	总量占比/%	生活源/t	总量占比/%	集中式治理设施/t	总量占比/%	移动源/t	总量占比/%
工业废气排放量	2547443.2340×10^4m^3	2547443.2340×10^4m^3	100.00	—	—	—	—	0.00	0.00	—	—
二氧化硫产生量	13525.18	13525.18	100.00	—	—	—	—	—	—	—	—
二氧化硫排放量	2704.75	2704.75	100.00	—	—	—	—	0.00	0.00	0.00	0.00
氮氧化物产生量	4495.04	4495.04	100.00	—	—	—	—	—	—	—	—
氮氧化物排放量	1645.44	1645.44	100.00	—	—	—	—	0.00	0.00	0.00	0.00
颗粒物产生量	442138.60	442138.60	100.00	—	—	—	—	—	—	—	—
颗粒物排放量	5427.29	5427.29	100.00	—	—	—	—	0.00	0.00	0.00	0.00
挥发性有机物产生量	179.21	179.21	100.00	—	—	—	—	—	—	—	—
挥发性有机物排放量	178.06	178.06	100.00	—	—	—	—	—	—	0.00	0.00

注：表中工业废气排放量四位小数为实际调查值，未对小数进行取舍。废气污染物保留两位小数。

因农业源、生活源和移动源废气排放量未要求核算统计，废气及废气污染物产生排放量只统计工业源。生活源城镇居民废气排放情况按规定由市普查办统计。移动源开州区无油品运输企业，其余由市普查办调查汇总，所以移动源废气及污染物无产排核算。

2017年开州区工业源废气污染物产生排放情况为：二氧化硫产生13525.18t，排放2704.75t，经处理削减10820.43t，削减率80.00%；氮氧化物产生4495.04t，排放1645.44t，经处理削减2849.60t，削减率63.39%；颗粒物产生442138.60t，排放5427.29t，经处理削减436711.31t，削减率98.77%；挥发性有机物产生179.21t，排放178.06t，经处理削减1.15t，削减率0.64%，具体分布情况见表4-6和图4-4。

表4-6 开州区工业源废气污染物产生排放情况表

污染物名称	产生量/t	排放量/t	削减量/t	削减率/%
二氧化硫	13525.18	2704.75	10820.43	80.00
氮氧化物	4495.04	1645.44	2849.60	63.39
颗粒物	442138.60	5427.29	436711.31	98.77
挥发性有机物	179.21	178.06	1.15	0.64

注：表中所有数据均保留两位小数。

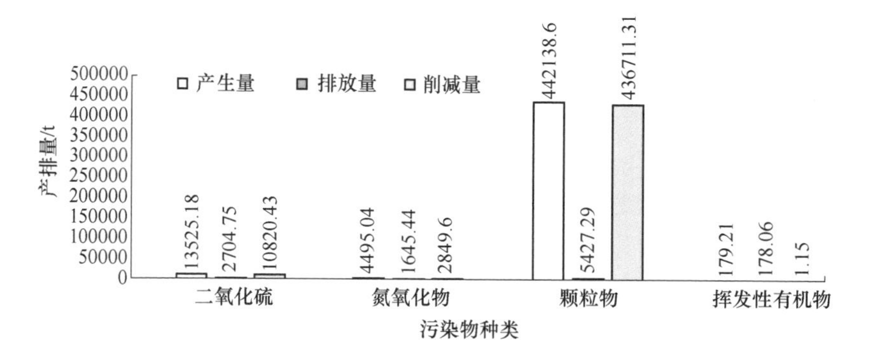

图4-4 开州区工业源废气污染物产生排放图

4.3 流域及重点区域污染物产生与排放

4.3.1 主要污染物排放数据宏观结构分析

根据废水、废气及主要污染物产生排放总量和各类污染源分类产生排放量的数据对比分析，开州区2017年农业污染源对水环境影响最大。

农业污染源化学需氧量排放量占全区排放总量的98.02%，氨氮排放量占全区排放总量的96.95%，总氮排放量占全区排放总量的98.78%，总磷排放量占全区排放总量的99.33%。

工业污染源和集中式污染治理设施影响较小，上述几种污染物的合计排放量占开州区排放总量均不到5%，移动源对水环境污染无影响。

废气及主要污染物只有工业污染源产生和排放。

4.3.2 主要污染物排放数据空间分布分析

对废水、废气及主要污染物总排放量的空间分析，由于只有工业源和集中式污染治理设施能分乡镇街道统计，农业源规模以下畜禽养殖户、种植业、水产养殖业不能按乡镇街道划分。生活源的城镇居民排放情况和移动源均由市普查办统计汇总，无法统计开州区乡镇街道差异，在此不做分析，具体见各类源普查结果分析情况。

开州区整个区域只属于一个流域，为“长江三峡段小江支流流域”，所以在此不做流域分布的阐述，具体各受纳水体污染物排入情况见各类源普查结果分析。

4.3.3 重点行业主要污染物产排情况

按照国家发布的重点行业目录包括汽车、电子信息、食品、轻工、装备制造、建材、化工、钢铁、生物医药等，结合开州区污染源实际普查情况和产排污核算结果，确定了污染物的重点排放行业。工业企业废水及污染物排放的重点行业为农副食品加工业，电力、热力生产和供应业，酒、饮料和精制茶制造业，造纸和纸制品业，水的生产和供应业。

废水及污染物排放的重点行业共排放废水$121.06\times10^4m^3$，占全区工业废水排放总量的80.15%；化学需氧量排放96.92t，占全区工业排放总量的97.11%；氨氮排放3.94t，占全区工业排放总量的97.52%；总氮排放10.59t，占全区工业排放总量的92.01%；总磷排放0.80t，占全区工业排放总量的94.12%。

由此可见，以上废水重点行业的主要污染物排放量均在工业排放总量的85%以上，对开州区水环境影响较大，应该作为以后工业废水污染管理的重点。其余废水污染物产排量太小，或者只在特定行业产生排放，故不做划分水重点行业的依据。具体分布情况见表 4-7 和图 4-5。

表 4-7　开州区重点行业废水及主要污染物排放情况表

序号	污染物名称	工业排放总量/t	重点行业排放量/t	重点行业排放占比/%
1	废水	$151.04\times10^4m^3$	$121.06\times10^4m^3$	80.15
2	化学需氧量	99.80	96.92	97.11
3	氨氮	4.04	3.94	97.52
4	总氮	11.51	10.59	92.01
5	总磷	0.85	0.80	94.12

注：表中数据均保留两位小数。

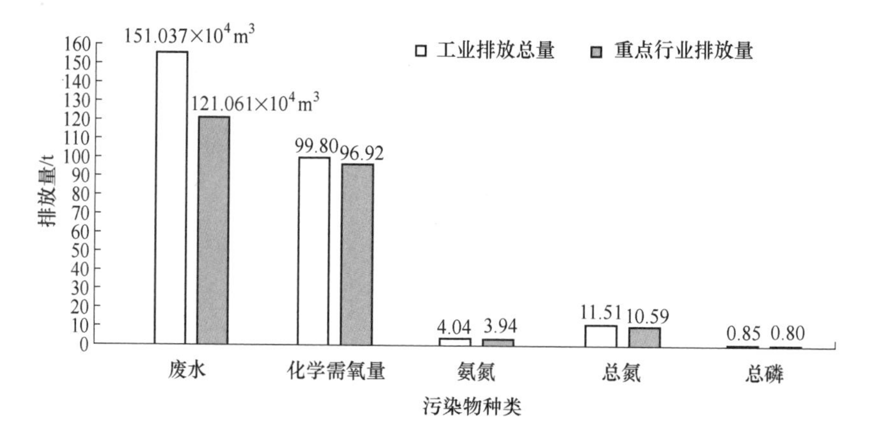

图 4-5　开州区重点行业废水及主要污染物排放与总量对比图

工业企业废气及污染物排放的重点行业为电力、热力生产和供应业，石油和天然气开采业，非金属矿物制品业，皮革、毛皮、羽毛及其制品和制鞋业，木材加工和木、竹、藤、棕、草制品业，计算机、通信和其他电子设备制造业。

废气及污染物的重点行业共排放二氧化硫 2588.45t，占全区工业排放总量的 95.70%；氮氧化物排放 1615.24t，占全区工业排放总量的 98.16%；

颗粒物排放5003.78t，占全区工业排放总量的92.20%；挥发性有机排放158.17t，占全区工业排放总量的88.83%。具体分布情况见表4-8和图4-6。

表4-8 开州区重点行业废气及主要污染物排放情况表

序号	污染物名称	工业排放总量/t	重点行业排放量/t	重点行业排放占比/%
1	二氧化硫	2704.75	2588.45	95.70
2	氮氧化物	1645.44	1615.24	98.16
3	颗粒物	5427.29	5003.78	92.20
4	挥发性有机物	178.06	158.17	88.83

注：表中数据均保留两位小数。

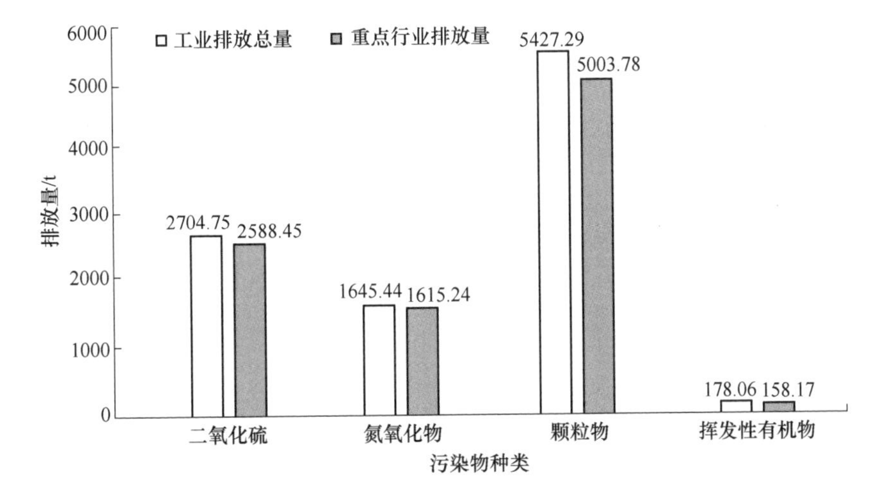

图4-6 开州区重点行业废气及主要污染物排放与总量对比图

废气重点行业的主要污染物排放量均在工业排放总量的85%以上，对大气环境影响较大，应该作为工业大气环境污染管理的重点。

4.4 污染物排放总体情况与一污普对比

4.4.1 废水污染物总体排放情况与一污普对比

二污普开州区废水污染物排放总量与一污普对比：化学需氧量排放量减少3719.65t，相比降低20.55%；氨氮排放量减少554.34t，相比降低51.17%；总氮排放量减少227.60t，相比降低11.19%；总磷排放量增加

10.02t，相比升高5.28%；五日生化需氧量排放量减少254.09t，相比降低7.39%；石油类排放量减少512.52t，相比降低99.99%；挥发酚排放量减少899.94kg，相比降低99.99%；氰化物排放量减少19.70kg，相比降低99.93%；重金属（铅、汞、镉、铬和类金属砷）排放量增加0.29kg，相比升高17.89%。

对比一污普，二污普开州区废水污染物除总磷和重金属（铅、汞、镉、铬和类金属砷）排放量有适当增加，其余污染物排放均有下降的趋势，具体分布情况见表4-9和图4-7。

表4-9 废水污染物排放对比一污普情况表

污染物名称	二污普排放量/t	一污普排放量/t	二污普对比一污普排放量变化量/t	二污普对比一污普排放量变化率/%
化学需氧量	14381.94	18101.59	-3719.65	-20.55
氨氮	529.03	1083.37	-554.34	-51.17
总氮	1805.59	2033.19	-227.60	-11.19
总磷	199.74	189.72	10.02	5.28
五日生化需氧量	3185.27	3439.36	-254.09	-7.39
石油类	0.07	512.59	-512.52	-99.99
挥发酚	0.06kg	900.00kg	-899.94kg	-99.99
氰化物	0.01kg	19.71kg	-19.70kg	-99.93
重金属（铅、汞、镉、铬和类金属砷）	1.90kg	1.61kg	0.29kg	17.89

注：一污普数据来源于《重庆市开县第一次全国污染源普查技术报告》，为保证数据对比，表中所有数据均保留两位小数。其中变化量和变化率，数值为正值表示二污普对比一污普增加或升高；数值为负值表示减少或降低。

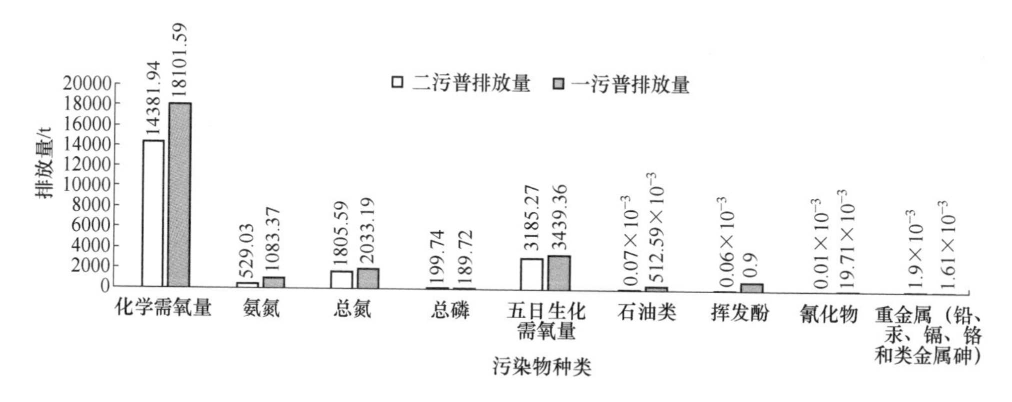

图4-7 二污普废水污染物排放对比一污普示意图

4.4.2 废气污染物总体排放情况与一污普对比

二污普开州区废气污染物排放总量与一污普对比：二氧化硫排放量减少22796.64t，相比降低87.83%；氮氧化物排放量减少8302.54t，相比降低80.40%；颗粒物（一污普为烟尘和粉尘）排放量减少9914.62t，相比降低56.94%；挥发性有机物一污普不是调查核算指标，不做对比。

总体来说，对比一污普数据，二污普各项废气污染物排放量均减少，且减少的排放量较大，均在50%以上，这说明开州区空气环境质量得到了很大的改善和保护。具体分布情况见表4-10和图4-8。

表4-10 废气污染物排放对比一污普情况表

污染物名称	二污普排放量/t	一污普排放量/t	二污普对比一污普排放量变化量/t	二污普对比一污普排放量变化率/%
二氧化硫	3216.96	26013.60	-22796.64	-87.63
氮氧化物	2024.59	10327.13	-8302.54	-80.40
颗粒物	7498.21	17412.83	-9914.62	-56.94
挥发性有机物	895.05	—	—	—

注：一污普数据来源于《重庆市开县第一次全国污染源普查技术报告》，表中所有数据均保留两位小数。其中变化量和变化率，数值为正值表示二污普对比一污普增加或升高；数值为负值表示减少或降低。

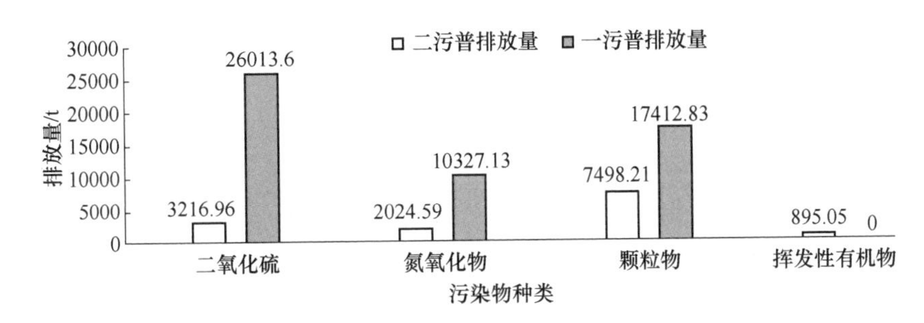

图4-8 二污普废气污染物排放对比一污普示意图

4.5 本章小结

通过实际调查、认真审核、逐一核算，最终汇总得出了开州区2017年废水、废气及主要污染物的产生排放量，基本掌握了全区区域、水体、行业污染物产生、排放和处理情况，建立了开州区污染源档案、污染源信息数据库和环境统计平台，为加强日后的污染源监管、改善环境质量、防控环境风险、服务环境与发展综合决策提供依据。

对比一污普，无论废水、废气及各项污染物排放都有所下降，特别是废气污染物排放量均降低50%以上，证明了开州区十年以来环境质量改善攻坚行动取得了长足进展，并收到了明显的成效。

5 工业污染源普查结果分析

5.1 总体情况

开州污染源普查的工业企业共985家：其中正常运行的企业915家，全年停产的企业56家，关闭的企业（2018年之后关闭）14家。按照中华人民共和国国家标准（GB/T 4754—2017）《国民经济行业分类》，此次普查的工业企业共涉及30个大类，68个中类，100个小类。

5.1.1 工业源乡镇街道分布

此次污染源普查的985家工业企业，开州区40个乡镇街道均涉及。工业源普查数量的乡镇街道分布情况为赵家街道办事处86家、白鹤街道办事处70家、岳溪镇57家、临江镇55家、丰乐街道办事处41家、温泉镇37家、长沙镇37家、铁桥镇33家、郭家镇33家、敦好镇31家、大进镇30家、文峰街道办事处30家、南门镇30家、汉丰街道办事处30家、和谦镇26家、镇安镇25家、大德镇23家、云枫街道办事处23家、中和镇23家、竹溪镇22家、厚坝镇20家、高桥镇19家、镇东街道办事处19家、九龙山镇18家、谭家镇18家、巫山镇14家、满月乡13家、义和镇12家、紫水乡12家、麻柳乡11家、南雅镇11家、关面乡10家、河堰镇10家、渠口镇9家、天和镇9家、金峰镇8家、三汇口乡8家、白泉乡8家、五通乡7家、白桥镇7家。具体分布情况见表5-1和图5-1。

表5-1 工业源普查数量乡镇街道分布统计表

序号	乡镇街道	调查工业数量/家	工业数量占比/%
1	赵家街道办事处	86	8.73
2	白鹤街道办事处	70	7.11
3	岳溪镇	57	5.79

续表 5-1

序号	乡镇街道	调查工业数量/家	工业数量占比/%
4	临江镇	55	5.58
5	丰乐街道办事处	41	4.16
6	温泉镇	37	3.76
7	长沙镇	37	3.76
8	铁桥镇	33	3.35
9	郭家镇	33	3.35
10	敦好镇	31	3.15
11	大进镇	30	3.05
12	文峰街道办事处	30	3.05
13	南门镇	30	3.05
14	汉丰街道办事处	30	3.05
15	和谦镇	26	2.64
16	镇安镇	25	2.54
17	大德镇	23	2.34
18	云枫街道办事处	23	2.34
19	中和镇	23	2.34
20	竹溪镇	22	2.23
21	厚坝镇	20	2.03
22	高桥镇	19	1.93
23	镇东街道办事处	19	1.93
24	九龙山镇	18	1.83
25	谭家镇	18	1.83
26	巫山镇	14	1.42
27	满月乡	13	1.32
28	义和镇	12	1.22
29	紫水乡	12	1.22
30	麻柳乡	11	1.12
31	南雅镇	11	1.12
32	关面乡	10	1.02
33	河堰镇	10	1.02
34	渠口镇	9	0.91
35	天和镇	9	0.91

续表 5-1

序号	乡镇街道	调查工业数量/家	工业数量占比/%
36	金峰镇	8	0.81
37	三汇口乡	8	0.81
38	白泉乡	8	0.81
39	五通乡	7	0.71
40	白桥镇	7	0.71
合　计		985	100.00

注：表中“工业数量占比/%”数据保留两位小数，合计数据因小数取舍产生的误差，未做机械调整。

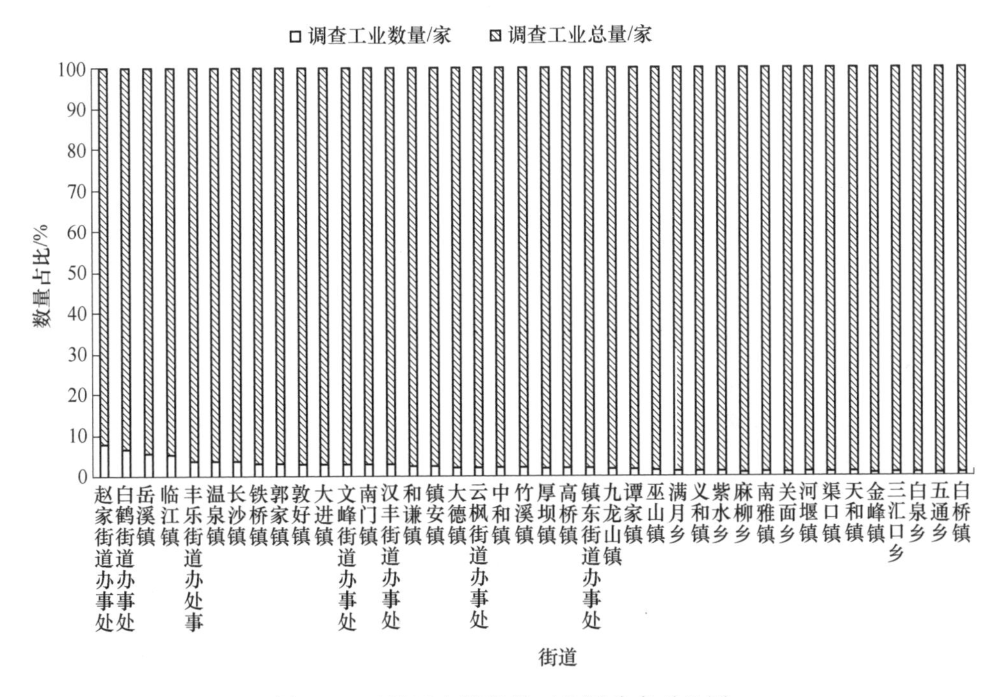

图 5-1　开州区乡镇街道工业源分布对比图

由表 5-1 和图 5-1 可知，开州区工业企业分布数量前 5 的乡镇街道依次为：赵家街道办事处普查工业 86 家，占工业普查总数的 8.73%；白鹤街道办事处普查工业 70 家，占工业普查总数的 7.11%；岳溪镇普查工业 57 家，占工业普查总数的 5.79%；临江镇普查工业 55 家，占工业普查总数的 5.58%；丰乐街道办事处普查工业 41 家，占工业普查总数的 4.16%。

以上 5 个乡镇街道合计普查工业 309 家，占开州区工业普查总数的

31.37%，将近三分之一。其中赵家街道办事处和白鹤街道办事处企业最多，因为是开州工业园区主要所在地，分布了大量的园区企业。

5.1.2　工业源行业（大类）分布

开州区污染源普查的工业企业按照《国民经济行业分类》（GB/T 4754—2017）的行业类别划分：其中B类“采矿业”普查67家，占工业普查总数的6.80%；C类“制造业”普查806家，占工业普查总数的81.83%；D类“电力、热力、燃气及水生产和供应业”普查112家，占工业普查总数的11.37%。具体分布情况如图5-2所示。

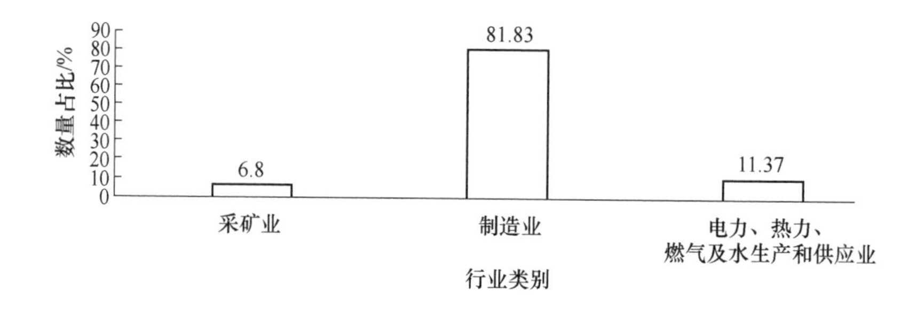

图5-2　开州区普查工业企业行业分类比例图

按照行业大类统计，开州区污染源普查的工业企业涉及30个大类。根据普查工业企业填报的第一行业代码和名称分类统计，排名前5的行业依次为：酒、饮料和精制茶制造业普查190家，占工业普查总数的19.29%；非金属矿物制品业普查132家，占工业普查总数的13.40%；农副食品加工业普查112家，占工业普查总数的11.37%；食品制造业普查81家，占工业普查总数的8.22%；纺织服装、服饰业普查68家，占工业普查总数的6.90%。以上5个行业共普查583家，占工业普查总数的59.18%。具体分布情况见表5-2和图5-3。

表5-2　工业企业行业大类分布数量统计表

序号	行业代码（大类）	行业名称（大类）	工业数量/家	工业总数占比/%
1	15	酒、饮料和精制茶制造业	190	19.29
2	30	非金属矿物制品业	132	13.40

续表 5-2

序号	行业代码（大类）	行业名称（大类）	工业数量/家	工业总数占比/%
3	13	农副食品加工业	112	11.37
4	14	食品制造业	81	8.22
5	18	纺织服装、服饰业	68	6.90
6	46	水的生产和供应业	63	6.40
7	10	非金属矿采选业	61	6.19
8	20	木材加工和木、竹、藤、棕、草制品业	59	5.99
9	44	供应业	49	4.97
10	21	家具制造业	46	4.67
11	42	废弃资源综合利用业	18	1.83
12	26	化学原料和化学制品制造业	15	1.52
13	19	皮革、毛皮、羽毛及其制品和制鞋业	12	1.22
14	29	橡胶和塑料制品业	12	1.22
15	23	印刷和记录媒介复制业	11	1.12
16	33	金属制品业	11	1.12
17	38	电气机械和器材制造业	10	1.02
18	06	煤炭开采和洗选业	5	0.51
19	17	纺织业	5	0.51
20	39	计算机、通信和其他电子设备制造业	5	0.51
21	36	汽车制造业	4	0.41
22	22	造纸和纸制品业	3	0.30
23	41	其他制造业	3	0.30
24	24	文教、工美、体育和娱乐用品制造业	2	0.20
25	27	医药制造业	2	0.20
26	35	专用设备制造业	2	0.20
27	07	石油和天然气开采业	1	0.10
28	25	石油、煤炭及其他燃料加工业	1	0.10
29	37	铁路、船舶、航空航天和其他运输设备制造业	1	0.10
30	43	金属制品、机械和设备修理业	1	0.10
合计			985	100.00

注：表中“工业总数占比/%”数据保留两位小数。合计数据因小数取舍产生的误差，未做机械调整。

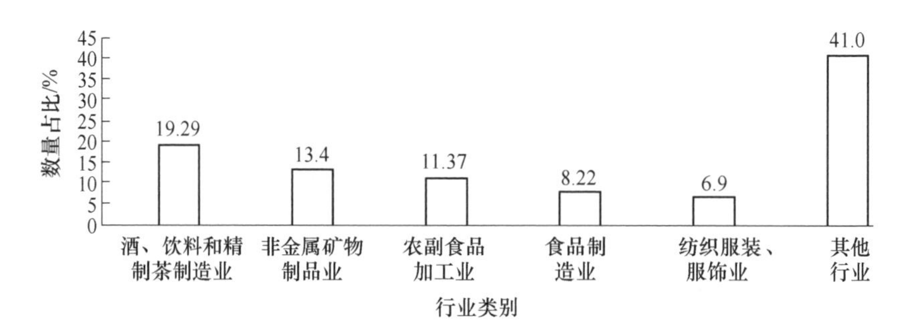

图 5-3 开州区工业源前五行业普查数量占比总量图

5.1.3 工业源受纳水体分布

查询水利部门相关资料，开州区行政区域内，共有受纳水体 28 个，其中河流受纳水体 26 个，水库受纳水体 2 个。

此次工业普查只涉及 19 个河流受纳水体，其中小江 271 家、南河 223 家、普里河 184 家、桃溪河 77 家、岳溪河 40 家、映阳河 26 家、齐力河 23 家、后河 18 家、头道河 18 家、青竹溪 17 家、盐井坝河 15 家、南雅河 15 家、破石沟 11 家、紫水河 11 家、满月河 11 家、牛蹄寺河 9 家、肖家沟 6 家、水磨溪 6 家、清江河 4 家。具体分布情况见表 5-3 和图 5-4。

表 5-3 工业源受纳水体分布数量统计表

序号	受纳水体名称	受纳水体代码	工业企业数量/家	数量占比/%
1	小江	F5A00000000L	271	27.51
2	南河	F5AA0000000R	223	22.64
3	普里河	F5AB0000000R	184	18.68
4	桃溪河	F5AAC000000L	77	7.82
5	岳溪河	F5ABB000000R	40	4.06
6	映阳河	F5AAB000000L	26	2.64
7	齐力河	F5AACB00000R	23	2.34
8	后河	F5A1G000000R	18	1.83
9	头道河	F5AA4A00000L	18	1.83
10	青竹溪	F5AABA00000L	17	1.73
11	盐井坝河	F5A1C000000L	15	1.52
12	南雅河	F5AAAA00000R	15	1.52

续表 5-3

序号	受纳水体名称	受纳水体代码	工业企业数量/家	数量占比/%
13	破石沟	F5AAA000000L	11	1.12
14	紫水河	F5AACA00000L	11	1.12
15	满月河	F5A1A000000R	11	1.12
16	牛蹄寺河	F5A1F000000L	9	0.91
17	肖家沟	F5A3A000000L	6	0.61
18	水磨溪	F5AACC00000R	6	0.61
19	清江河	F5ABBA00000R	4	0.41
合　计			985	100.00

注：表中“数量占比/%”数据保留两位小数。合计数据因小数取舍产生的误差，未做机械调整。

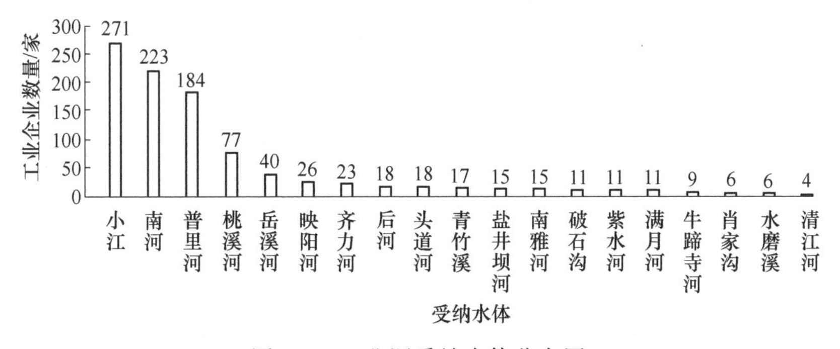

图 5-4　工业源受纳水体分布图

由表 5-3 和图 5-4 可知，开州区普查的工业企业主要分布在小江、南河、普里河、桃溪河。4 个水体合计分布工业企业 755 家，占工业普查总数的 76.65%；其中小江分布最多，有工业 271 家，占工业普查总数的 27.51%；南河其次，有工业 223 家，占工业普查总数的 22.64%；普里河第三，有工业 184 家，占工业普查总数的 18.68%；第四是桃溪河，有 77 工业家，占工业普查总数的 7.82%。

5.1.4 工业规模及产值情况分析

根据国家统计局《关于印发统计上大中小微型企业划分办法的通知》的相应标准，划分并确定开州区普查工业企业的规模及数量：开州区无大型企业，占比 0%；中型企业 15 家，占工业普查总数的 1.52%；小型企业 91 家，占工业普查总数的9.24%；微型企业879家，占工业普查总数的89.24%。

2017年普查工业的总产值为79.98亿元，其中中型企业产值65.63亿元，占普查工业总产值的82.06%；小型企业产值11.23亿元，占普查工业总产值的14.04%；微型企业产值3.12亿元，占普查工业总产值的3.90%，具体分布情况见表5-4、图5-5和图5-6。

表5-4 工业企业规模数量和产值情况表

序号	企业规模	企业数量/家	数量占比/%	工业产值/亿元	产值占比/%
1	大型	0	0.00	0	0.00
2	中型	15	1.52	65.63	82.06
3	小型	91	9.24	11.23	14.04
4	微型	879	89.24	3.12	3.90
合　计		985	100.00	79.98	100.00

注：表中“数量占比”和“产值占比”数据均保留两位小数。

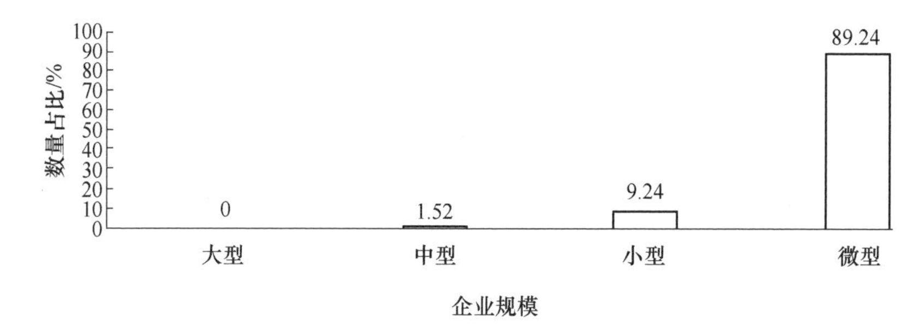

图5-5 开州区普查工业企业规模数量占比图

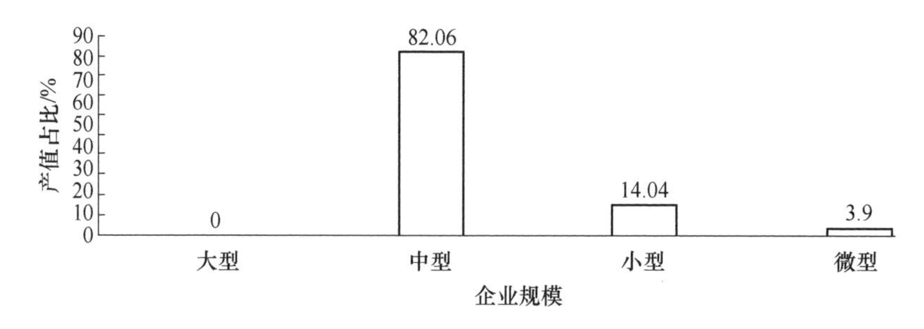

图5-6 开州区普查工业企业规模类型产值占比图

5.1.5 工业注册类型及产值情况分析

按照企业登记注册的类型统计，开州区普查的工业企业共有14类，其中外资企业1家，私营有限责任公司107家，股份有限公司11家，国有企业23家，私营股份有限公司7家，私营独资企业752家，其他有限责任公司8家，港、澳、台商独资企业3家，私营合伙企业58家，中外合资经营企业1家，国有独资公司5家，股份合作企业1家，集体企业4家，其他企业4家。

根据企业登记注册类型划分，其工业产值情况为：外资企业工业产值39.43亿元，占普查工业总产值的49.30%；私营有限责任公司工业产值13.97亿元，占普查工业总产值的17.47%；股份有限公司工业产值7.18亿元，占普查工业总产值的8.98%；国有企业工业产值5.12亿元，占普查工业总产值的6.40%；私营股份有限公司工业产值4.89亿元，占普查工业总产值的6.12%；私营独资企业工业产值3.75亿元，占普查工业总产值的4.68%；其他有限责任公司工业产值3.31亿元，占普查工业总产值的4.14%；港、澳、台商独资企业工业产值1.28亿元，占普查工业总产值的1.60%；私营合伙企业工业产值0.59亿元，占普查工业总产值的0.73%；中外合资经营企业工业产值0.38亿元，占普查工业总产值的0.48%；国有独资公司工业产值0.04亿元，占普查工业总产值的0.05%；股份合作企业工业产值0.03亿元，占普查工业总产值的0.03%；集体企业工业产值0.01亿元，占普查工业总产值的0.01%；其他企业工业产值0.00亿元，占工业总产值的0.00%。具体分布情况见表5-5和图5-7。

表5-5 工业企业登记注册类型和产值情况表

序号	登记注册类型	类型数量/家	数量占比/%	工业产值/亿元	产值占比/%
1	外资企业	1	0.10	39.43	49.30
2	私营有限责任公司	107	10.86	13.97	17.47
3	股份有限公司	11	1.12	7.18	8.98
4	国有企业	23	2.34	5.12	6.40
5	私营股份有限公司	7	0.71	4.89	6.12
6	私营独资企业	752	76.35	3.75	4.68
7	其他有限责任公司	8	0.81	3.31	4.14
8	港、澳、台商独资企业	3	0.30	1.28	1.60
9	私营合伙企业	58	5.89	0.59	0.73
10	中外合资经营企业	1	0.10	0.38	0.48

续表 5-5

序号	登记注册类型	类型数量/家	数量占比/%	工业产值/亿元	产值占比/%
11	国有独资公司	5	0.51	0.04	0.05
12	股份合作企业	1	0.10	0.03	0.03
13	集体企业	4	0.41	0.01	0.01
14	其他企业	4	0.41	0.00	0.00
合 计		985	100.00	79.98	100.00

注：表中“数量占比”和“产值占比”数据均保留两位小数。合计数据因小数取舍产生的误差，未做机械调整。

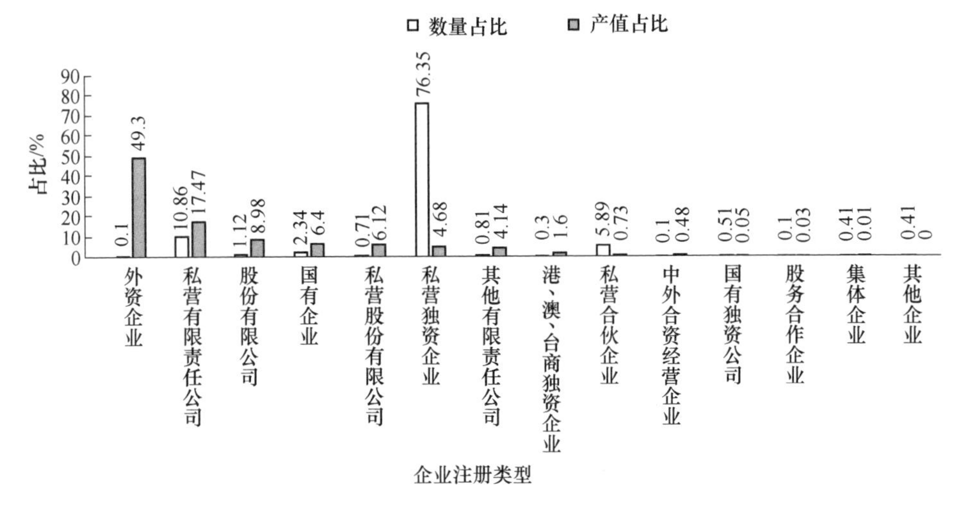

图 5-7 开州区普查工业企业登记注册类型和产值对比

由表 5-4、表 5-5 和图 5-5~图 5-7 可知，开州区的工业大中型企业很少，以小微型企业为主，特别是微型作坊式企业占有相当高的比例，比如门市型的白酒制造企业、服装制造企业、木材加工企业等。其主要原因是开州区属于渝东北山区城市，由于地理位置和交通关系的影响，很多企业不愿意进来投资建厂。

从工业产值分析，虽然中型企业的数量只占普查工业总数的 1.52%，但其工业产值却占到总产值的 82.06%，所以中型企业仍然是开州区工业经济的支柱型产业。

对比企业的注册类型，开州区私营企业处于主要地位，合计占有普查工业总数的 93.81%，也给开州区的经济做出了不小的贡献，合计工业产值

23.20 亿元，占普查工业总产值的 29.01%。

另外开州区普查的企业中，还有“中外合资经营企业”1 家，“港、澳、台商独资企业”3 家和“外资企业”1 家，对比第一次污染源普查这些注册类型的企业在逐渐增加，也说明了随着改革开放以来，我国西部城市在逐渐发展，同时开州区招商引资工作取得了一定的成绩。

5.2 废水污染物产生、排放与处理情况

5.2.1 工业废水及污染源产排情况

开州区 2017 年工业污染源有废水产生的企业 313 家，占普查工业总数的 31.78%。其中有废水排放的企业 304 家，占废水产生企业总数的 97.12%；废水循环利用不外排的企业 9 家，占废水产生企业总数的 2.88%。具体分布情况如图 5-8 所示。

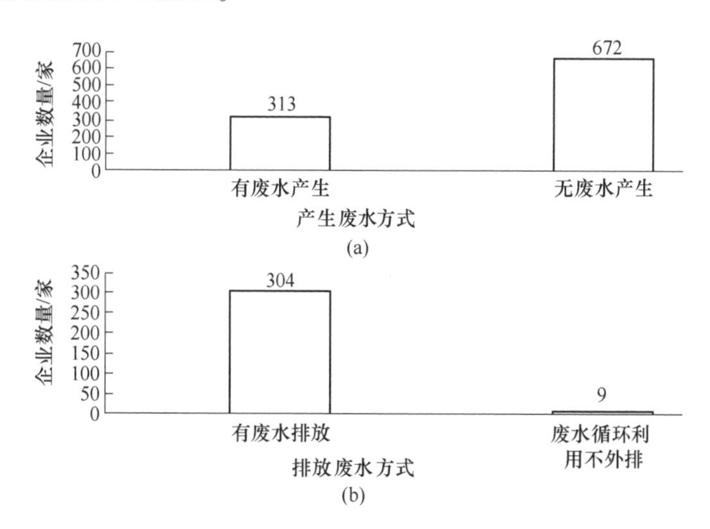

图 5-8 开州区废水产生排放工业企业数量对比图

（a）产生量；（b）排放量

5.2.1.1 工业用水排水及处理情况

2017 年工业企业共取水 $1123.3660\times10^4m^3$。其中，城市自来水取水量 $70.9436\times10^4m^3$，自备水取水量 $1052.2642\times10^4m^3$，水利工程供水取水量 $0.1582\times10^4m^3$，其他工业企业供水取水量无。

304家废水排放企业有废水排放口304个，2017年排放水151.0369×10^4m^3。其中，232家工业废水直接进入江河湖、库等水环境，排放127.3292×10^4m^3；71家工业废水进入城市污水处理厂处理，排放23.7064×10^4m^3；1家工业废水其他排放13m^3。

全区工业企业建有废水治理设施48套，总设计处理能力732.5550×10^4m^3/a，2017年实际处理工业废水116.0657×10^4m^3，占工业废水排放总量的76.85%。

工业企业的用水取水量与工业废水排放量对比，用水取水量比排放量多972.3291×10^4m^3，相差较大。这主要是开州区有部分企业的产品是水或者产品中含有大量水分，例如，自来水生产和供应、白酒制造、豆制品制造等，特别是63家自来水生产和供应企业全年合计生产自来水969.8197×10^4m^3，而这部分的水量基本上就在用水取水量中，所以造成了取水量和排水量大的差距，具体分布情况见表5-6。

表5-6 2017年开州区工业企业取水排水和废水处理情况表

统计类别名称		数值/m^3
工业取水量	总 计	1123.3660×10^4
	城市自来水取水量	70.9436×10^4
	自备水取水量	1052.2642×10^4
	水利工程供水取水量	0.1582×10^4
	其他工业企业供水取水量	0
工业废水排放量	总 计	151.0369×10^4
	直接进入江河湖、库等水环境	127.3292×10^4
	进入城市污水处理厂	23.7064×10^4
	其他排放	0.0013×10^4
工业废水处理设施		48套
工业废水处理设计能力		732.5550×10^4m^3/a
工业废水2017年实际处理量		116.0657×10^4

注：表中涉及水的数据，均为实际调查汇总，未对小数进行取舍。

按照行业大类划分，此次普查有取水或者排水的工业企业涉及15个行业类别。取水量排名前五的行业依次为：水的生产和供应业，电力、热力生产和供应业，煤炭开采和洗选业，农副食品加工业，石油和天然气开采业，共取水1102.0925×10^4m^3，占工业取水总量的98.11%。

废水排放量排名前五的行业依次为：水的生产和供应业，电力、热力生产和供应业，煤炭开采和洗选业，农副食品加工业，纺织服装、服饰业，共排水 143.7846×10^{4}m^3，占工业废水排放总量的 95.20%。具体分布情况见表 5-7 和图 5-9。

表 5-7 工业企业按行业大类分类取水排水情况表

序号	行业代码大类	行业名称	取水量/m^3	取水量排名	废水治理设施	废水排放口	废水排放量/m^3	废水排放量排名
1	46	水的生产和供应业	993.4584×10^4	1	0	56	57.8752×10^4	1
2	44	电力、热力生产和供应业	50.4000×10^4	2	2	2	42.9170×10^4	2
3	6	煤炭开采和洗选业	23.2165×10^4	3	4	3	21.4779×10^4	3
4	13	农副食品加工业	18.1511×10^4	4	17	48	14.2891×10^4	4
5	18	纺织服装、服饰业	8.1667×10^4	6	3	4	7.2254×10^4	5
6	15	酒、饮料和精制茶制造业	3.7412×10^4	7	2	172	3.3149×10^4	6
7	22	造纸和纸制品业	3.1200×10^4	9	1	1	2.6648×10^4	7
8	27	医药制造业	1.5997×10^4	10	1	2	0.8288×10^4	8
9	42	废弃资源综合利用业	0.3753×10^4	11	11	6	0.2108×10^4	9
10	38	电气机械和器材制造业	0.1236×10^4	15	2	2	0.1067×10^4	10
11	14	食品制造业	0.1835×10^4	13	1	7	0.0862×10^4	11
12	26	化学原料和化学制品制造业	0.1340×10^4	14	1	1	0.0401×10^4	12
13	7	石油和天然气开采业	16.8665×10^4	5	1	0	0	13
14	30	非金属矿物制品业	3.6095×10^4	8	1	0	0	14
15	23	印刷和记录媒介复制业	0.2200×10^4	12	1	0	0	15
合 计			1123.3660×10^4	—	48	304	151.0369×10^4	—

注：表中数据，均为实际调查汇总，未对小数进行取舍。

开州区 2017 年工业企业厂内建有废水处理设施 48 套，设施处理工艺有 9 种。其中，沉淀分离设施最多，有 30 套，占废水处理设施总数的 62.50%；物理处理法其次，有 5 套，占废水处理设施总数的 10.42%；过滤

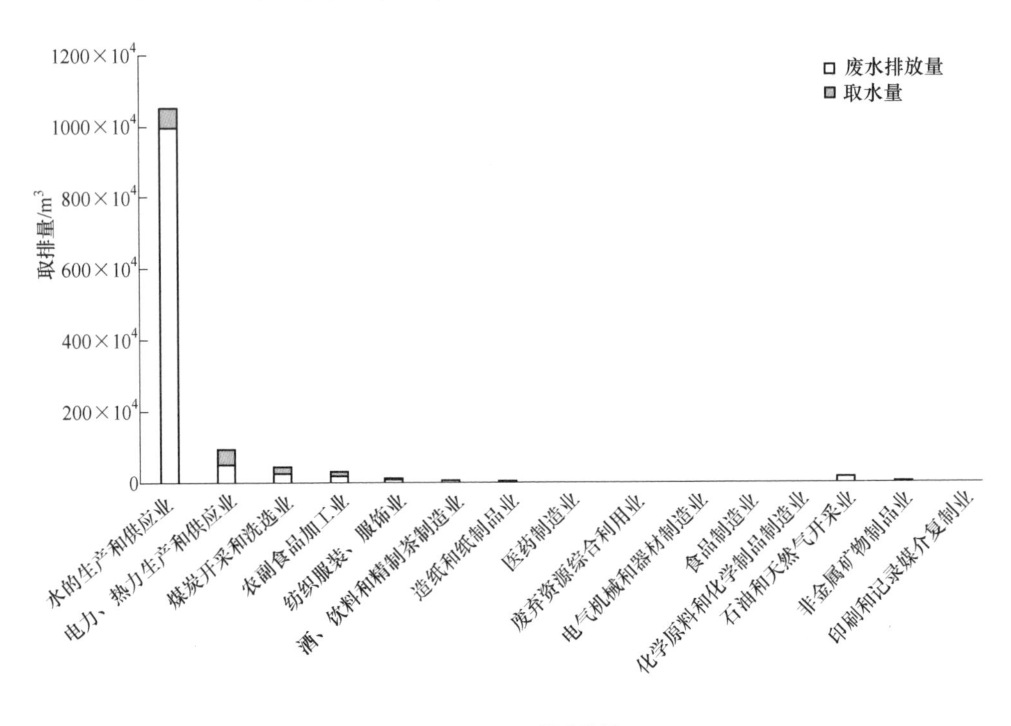

图 5-9 开州区工业行业大类取水排水对比图

分离和生物接触氧化法第三，各有 3 套，各占废水处理设施总数的 6.25%；另外物理化学处理法 2 套，占废水处理设施总数的 4.17%；厌氧生物处理法 2 套，占废水处理设施总数的 4.17%；厌氧生物滤池、中和法、生物膜法各 1 套，各占废水处理设施总数的 2.08%。具体分布情况见表 5-8。

表 5-8 工业废水处理设施分类情况表

序号	废水治理类型名称	废水治理类型代码	设施数量	设施占比/%
1	沉淀分离	1400	30	62.50
2	物理处理法	1000	5	10.42
3	过滤分离	1100	3	6.25
4	生物接触氧化法	4230	3	6.25
5	物理化学处理法	3000	2	4.17
6	厌氧生物处理法	5000	2	4.17
7	厌氧生物滤池	5300	1	2.08
8	中和法	2100	1	2.08

续表 5-8

序号	废水治理类型名称	废水治理类型代码	设施数量	设施占比/%
9	生物膜法	4200	1	2.08
合　计			48	100.00

注：表中“设施占比”数据，保留两位小数。

由此可见，开州区建设废水治理设施的工业企业数量不多，且大部分设施的处理工艺比较简单，例如，沉淀分离处理设施占60%以上，对废水污染物的去除率不高，还有待改进。

5.2.1.2 工业废水污染物产排情况

汇总普查数据，2017 年开州区工业污染源废水污染物产生排放情况为：化学需氧量产生 628.91t，排放 99.80t，经处理削减 529.11t，削减率 84.13%；氨氮产生 17.64t，排放 4.04t，经处理削减 13.60t，削减率 77.10%；总氮产生 33.78t，排放 11.51t，经处理削减 22.27t，削减率 65.93%；总磷产生 3.40t，排放 0.85t，经处理削减 2.55t，削减率 75.00%；石油类产生 0.37t，排放 0.07t，经处理削减 0.30t，削减率 81.08%；挥发酚产生 0.063kg，排放 0.063kg，未削减；氰化物产生 0.014kg，排放 0.014kg，未削减；重金属（铅、汞、镉、铬和类金属砷）产生 10.007kg，排放 1.367kg，经处理削减 8.640kg，削减率为 86.34%。具体分布情况见表 5-9 和图 5-10。

表 5-9 开州区 2017 年工业废水污染物产生排放情况表

序号	污染物名称	产生量/t	排放量/t	削减量/t	削减率/%
1	化学需氧量	628.91	99.80	529.11	84.13
2	氨氮	17.64	4.04	13.60	77.10
3	总氮	33.78	11.51	22.27	65.93
4	总磷	3.40	0.85	2.55	75.00
5	石油类	0.37	0.07	0.30	81.08
6	挥发酚	0.063kg	0.063kg	0.00	0.00
7	氰化物	0.014kg	0.014kg	0.00	0.00
8	重金属（铅、汞、镉、铬和类金属砷）	10.007kg	1.367kg	8.640kg	86.34

注：表中废水污染物计量单位为“t”的，保留两位小数；计量单位为“kg”的，保留三位小数。

总体来说，虽然开州区 2017 年工业废水排放量较大，但是工业废水污

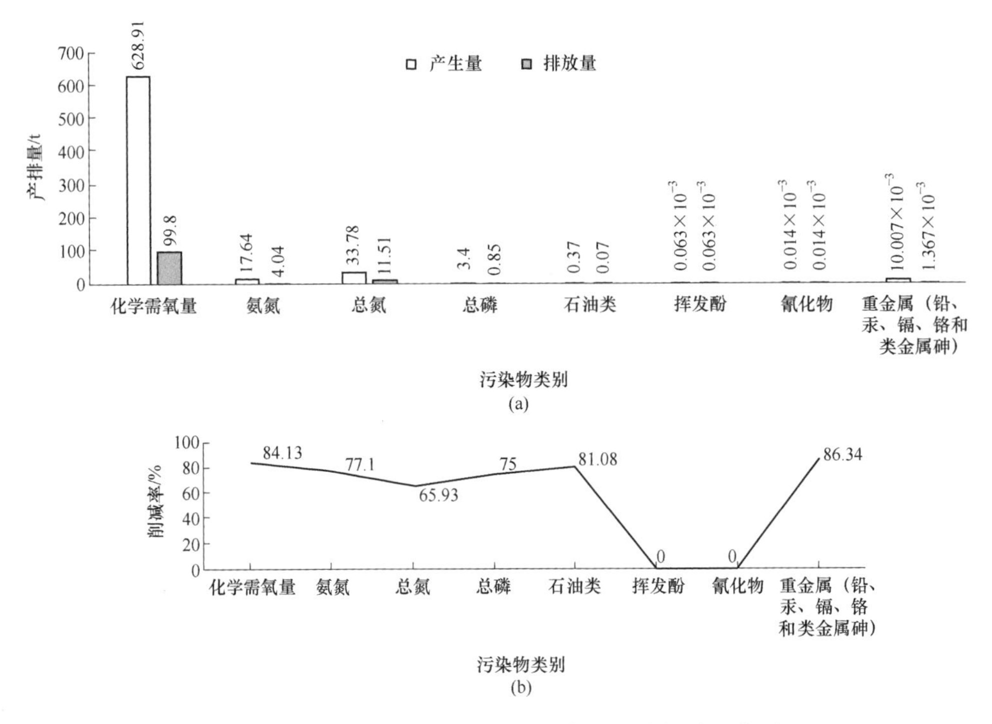

图 5-10 开州区工业废水污染物产生排放削减示意图

染物排放并不多，且削减率较高。除挥发酚和氰化物未削减，是因为两种污染物只在单个企业产生排放。其余所有废水污染物削减率均在65%以上。这说明了开州区重视工业废水的环境管理，企业的环保意识也在不断加强，工业废水的收集率在不断提高，并进行了有效处理。

5.2.2 主要污染物排放量占比80%以上的行业

5.2.2.1 化学需氧量排放量占比80%以上的行业

2017年开州区工业企业共产生化学需氧量628.91t，排放99.80t，通过废水治理设施处理减少化学需氧量排放量529.11t，削减率为84.13%。

根据行业大类划分，开州区工业化学需氧量排放的主要行业（排放占比80%以上）为：农副食品加工业，电力、热力生产和供应业，酒、饮料和精制茶制造业，造纸和纸制品业。

主要行业共计排放化学需氧量86.37t，占工业排放总量的86.54%。其中，农副食品加工业产生化学需氧量319.50t，排放37.47t，削减率为

88.27%；电力、热力生产和供应业产生化学需氧量45.18t，排放23.04t，削减率为49.00%；酒、饮料和精制茶制造业产生化学需氧量27.59t，排放14.88t，削减率为46.07%；造纸和纸制品业产生化学需氧量79.93t，排放10.98t，削减率为86.26%。具体分布情况见表5-10和图5-11。

表5-10 工业化学需氧量分行业（大类）产生排放统计表

序号	工业行业类别	产生量/t	排放量/t	排放量占比/%	排放量排名	削减率/%
1	13丨农副食品加工业	319.50	37.47	37.55	1	88.27
2	44丨电力、热力生产和供应业	45.18	23.04	23.09	2	49.00
3	15丨酒、饮料和精制茶制造业	27.59	14.88	14.91	3	46.07
4	22丨造纸和纸制品业	79.93	10.98	11.00	4	86.26
5	46丨水的生产和供应业	10.55	10.55	10.57	5	0.00
6	18丨纺织服装、服饰业	61.10	1.30	1.30	6	97.87
7	06丨煤炭开采和洗选业	11.88	1.20	1.20	7	89.90
8	27丨医药制造业	70.54	0.14	0.14	8	99.80
9	14丨食品制造业	0.95	0.11	0.11	9	88.42
10	42丨废弃资源综合利用业	0.78	0.09	0.09	10	88.46
11	38丨电气机械和器材制造业	0.16	0.02	0.02	11	87.50
12	26丨化学原料和化学制品制造业	0.77	0.01	0.01	12	98.70
13	30丨非金属矿物制品业	0.00	0.00	0.00	13	—
14	23丨印刷和记录媒介复制业	0.00	0.00	0.00	14	—
15	07丨石油和天然气开采业	0.00	0.00	0.00	15	—
合计		628.91	99.80	100.00	—	84.13

注：表中数据均保留两位小数，合计数据因小数取舍而产生的误差，均未做机械调整。

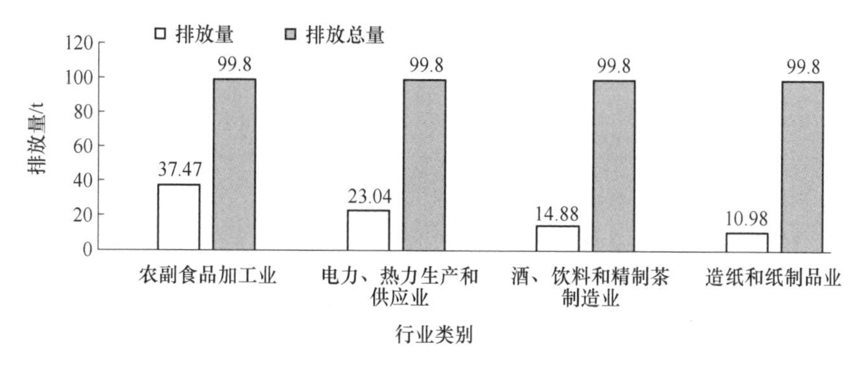

图5-11 工业化学需氧量排放占比80%以上的行业与排放总量对比图

通过对比分析单个企业的化学需氧量排放量，2017年开州区工业企业排放化学需氧量前十五的企业中有5家牲畜屠宰企业，4家豆制品制造企业，2家白酒制造企业，1家机制纸及纸板制造企业，1家火力发电企业和2家自来水生产和供应企业。

15家企业共计排放化学需氧量72.01t，占工业排放总量的72.15%。其中排放化学需氧量最多的是国家电投集团重庆白鹤电力有限公司，排放化学需氧量22.44t，占工业排放总量的22.48%；其次是开县白鹤街道办事处生猪定点屠宰场，排放化学需氧量15.76t，占工业排放总量的15.79%；第三是重庆市开县富余再生纸厂，排放化学需氧量10.98t，占工业排放总量的11.00%。具体分布情况见表5-11。

表5-11 工业化学需氧量排放前15名的企业情况

序号	单位详细名称	行业名称	行业代码	化学需氧量排放量/t
1	国家电投集团重庆白鹤电力有限公司	火力发电	4411	22.44
2	开县白鹤街道办事处生猪定点屠宰场	牲畜屠宰	1351	15.76
3	重庆市开县富余再生纸厂	机制纸及纸板制造	2221	10.98
4	重庆市开州区陈家生猪定点屠宰场	牲畜屠宰	1351	6.24
5	开县和谦镇生猪定点屠宰场	牲畜屠宰	1351	5.20
6	重庆市钱江食品集团民意肉类食品有限公司	牲畜屠宰	1351	1.64
7	开州区傅家豆腐坊	豆制品制造	1392	1.30
8	开州区井水豆腐坊	豆制品制造	1392	1.29
9	开州区唐碧豆腐店	豆制品制造	1392	1.20
10	重庆开州清泉水务建设有限公司岳溪自来水厂	自来水生产和供应	4610	1.15
11	重庆市开州区陈友术红高粱白酒厂	白酒制造	1512	1.13
12	重庆开州清泉水务建设有限公司赵家自来水厂	自来水生产和供应	4610	1.04
13	开州区自力豆制品加工房	豆制品制造	1392	1.03
14	重庆钱江食品集团万顺肉类食品有限公司	牲畜屠宰	1351	0.89
15	重庆市南门酒业有限责任公司	白酒制造	1512	0.74
合计				72.01

注：表中化学需氧量排放量均保留两位小数，合计数据因小数取舍而产生的误差，未做机械调整。

5.2.2.2 氨氮排放量占比80%以上的行业

2017年开州区工业企业共产生氨氮17.64t，排放4.04t，通过废水治理设施处理减少氨氮排放量13.60t，削减率为77.10%。

根据行业大类划分，开州区工业氨氮排放的主要行业（排放占比80%以上）为：电力、热力生产和供应业，农副食品加工业。

主要行业共排放氨氮3.49t，占工业排放总量的86.38%。其中，电力、热力生产和供应业产生氨氮7.77t，排放2.05t，削减率为73.62%；农副食品加工业产生氨氮8.24t，排放1.44t，削减率为82.52%。具体分布情况见表5-12和图5-12。

表5-12 工业源氨氮分行业（大类）产生排放统计表

序号	工业行业类别	产生量/t	排放量/t	排放量占比/%	排放量排名	削减率/%
1	44丨电力、热力生产和供应业	7.77	2.05	50.74	1	73.62
2	13丨农副食品加工业	8.24	1.44	35.64	2	82.52
3	46丨水的生产和供应业	0.27	0.27	6.68	3	0.00
4	15丨酒、饮料和精制茶制造业	0.27	0.15	3.71	4	44.44
5	18丨纺织服装、服饰业	0.25	0.08	1.98	5	68.00
6	22丨造纸和纸制品业	0.22	0.03	0.74	6	86.36
7	27丨医药制造业	0.56	0.01	0.25	7	98.21
8	42丨废弃资源综合利用业	0.04	0.01	0.25	8	75.00
9	14丨食品制造业	0.01	0.00	0.00	9	100.00
10	26丨化学原料和化学制品制造业	0.01	0.00	0.00	10	100.00
11	38丨电气机械和器材制造业	0.00	0.00	0.00	11	—
12	30丨非金属矿物制品业	0.00	0.00	0.00	12	—
13	23丨印刷和记录媒介复制业	0.00	0.00	0.00	13	—
14	07丨石油和天然气开采业	0.00	0.00	0.00	14	—
15	06丨煤炭开采和洗选业	0.00	0.00	0.00	15	—
合计		17.64	4.04	100.00	—	77.10

注：表中数据均保留两位小数，合计数据因小数取舍而产生的误差，均未做机械调整。

通过对比分析单个企业的氨氮排放量，2017年开州区工业企业排放氨氮前十五的企业中有6家牲畜屠宰企业，1家蔬菜加工企业，1家豆制品制造企业，1家果菜汁及果菜汁饮料制造企业，2家其他纺织服装制造企业、1家

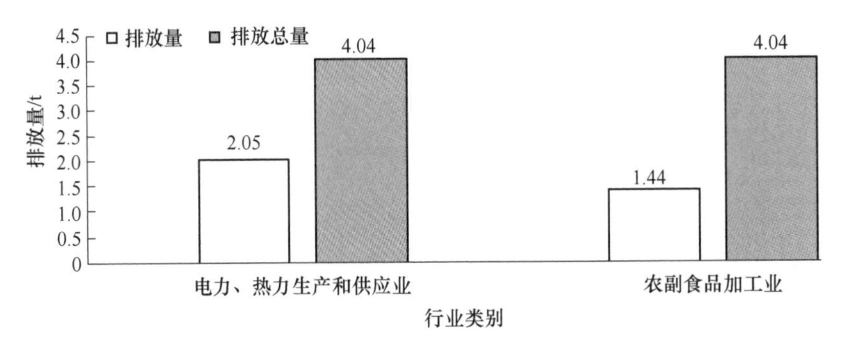

图 5-12　工业氨氮排放占比 80%以上的行业与排放总量对比图

火力发电企业和 3 家自来水生产和供应企业。

15 家企业共计排放氨氮 3.84t，占工业排放总量的 95.05%。其中排放氨氮最多的是国家电投集团重庆白鹤电力有限公司，排放氨氮 2.05t，占工业排放总量的 50.74%；其次是开县白鹤街道办事处生猪定点屠宰场，排放氨氮 0.54t，占工业排放总量的 13.37%；第三是重庆钱江食品集团万顺肉类食品有限公司，排放氨氮 0.35t，占工业排放总量的 8.66%。具体分布情况见表 5-13。

表 5-13　工业源氨氮排放量前 15 名的企业情况

序号	单位详细名称	行业名称	行业代码	氨氮排放量/t
1	国家电投集团重庆白鹤电力有限公司	火力发电	4411	2.05
2	开县白鹤街道办事处生猪定点屠宰场	牲畜屠宰	1351	0.54
3	重庆钱江食品集团万顺肉类食品有限公司	牲畜屠宰	1351	0.35
4	重庆市开州区陈家生猪定点屠宰场	牲畜屠宰	1351	0.21
5	开县和谦镇生猪定点屠宰场	牲畜屠宰	1351	0.18
6	重庆市钱江食品集团民意肉类食品有限公司	牲畜屠宰	1351	0.18
7	开州区傅家豆腐坊	豆制品制造	1392	0.08
8	重庆钱江食品集团万顺肉类食品有限公司	牲畜屠宰	1351	0.04
9	重庆市万州区永安农副产品经营部	蔬菜加工	1371	0.04
10	重庆润江羊绒制品有限公司	其他机织服装制造	1819	0.04
11	重庆立达服装有限公司	其他机织服装制造	1819	0.04

续表 5-13

序号	单位详细名称	行业名称	行业代码	氨氮排放量/t
12	重庆开州清泉水务建设有限公司赵家自来水厂	自来水生产和供应	4610	0.03
13	重庆三峡果业集团有限公司	果菜汁及果菜汁饮料制造	1523	0.03
14	重庆开州清泉水务建设有限公司敦好自来水厂	自来水生产和供应	4610	0.03
15	重庆开州清泉水务建设有限公司温泉自来水厂	自来水生产和供应	4610	0.02
合计				3.84

注：表中氨氮排放量均保留两位小数，合计数据因小数取舍而产生的误差，未做机械调整。

5.2.2.3 总氮排放量占比80%以上的行业

2017年开州区工业企业共产生总氮33.78t，排放量11.51t，通过废水治理设施处理减少总氮排放量22.27t，削减率为65.93%。

根据行业大类划分，开州区工业总氮排放的主要行业（排放占比80%以上）为农副食品加工业，水的生产和供应业，电力、热力生产和供应业。

主要行业共排放总氮9.97t，占工业排放总量的86.62%。其中，农副食品加工业产生总氮18.55t，排放4.35t，削减率为76.55%；水的生产和供应业产生总氮3.57t，排放3.57t，削减率为0.00%；电力、热力生产和供应业产生总氮7.77t，排放2.05t，削减率为73.62%。具体分布情况见表5-14和图5-13。

表 5-14 工业源总氮分行业（大类）产生排放统计表

序号	工业行业类别	产生量/t	排放量/t	排放量占比/%	排放量排名	削减率/%
1	13丨农副食品加工业	18.55	4.35	37.79	1	76.55
2	46丨水的生产和供应业	3.57	3.57	31.02	2	0.00
3	44丨电力、热力生产和供应业	7.77	2.05	17.81	3	73.62
4	18丨纺织服装、服饰业	1.88	0.80	6.95	4	57.45
5	15丨酒、饮料和精制茶制造业	0.74	0.54	4.69	5	27.03
6	27丨医药制造业	0.78	0.08	0.70	6	89.74
7	22丨造纸和纸制品业	0.41	0.08	0.70	7	80.49
8	42丨废弃资源综合利用业	0.06	0.02	0.17	8	66.67

续表 5-14

序号	工业行业类别	产生量/t	排放量/t	排放量占比/%	排放量排名	削减率/%
9	14丨食品制造业	0.01	0.01	0.09	9	0.00
10	26丨化学原料和化学制品制造业	0.01	0.00	0.00	10	100.00
11	38丨电气机械和器材制造业	0.00	0.00	0.00	11	—
12	30丨非金属矿物制品业	0.00	0.00	0.00	12	—
13	23丨印刷和记录媒介复制业	0.00	0.00	0.00	13	—
14	07丨石油和天然气开采业	0.00	0.00	0.00	14	—
15	06丨煤炭开采和洗选业	0.00	0.00	0.00	15	—
合　计		33.78	11.51	100.00	—	65.93

注：表中数据保留两位小数，合计数据因小数取舍而产生的误差，均未做机械调整。

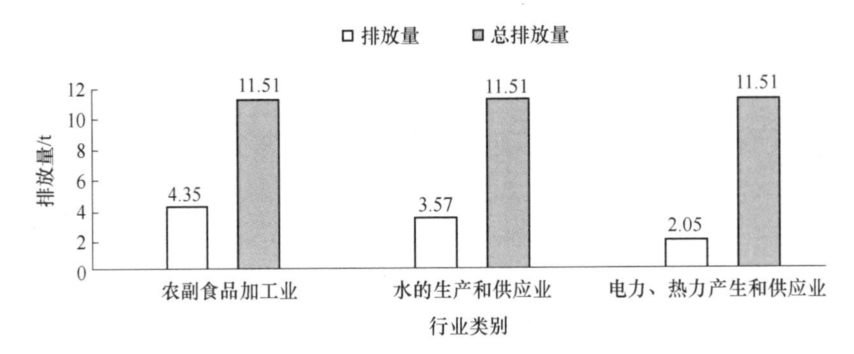

图 5-13　工业总氮排放占比 80%以上的行业与排放总量对比图

通过对比分析单个企业的总氮排放量，2017 年开州区工业企业排放总氮前十五的企业中有 6 家牲畜屠宰企业、1 家火力发电企业、2 家其他纺织服装制造企业和 6 家自来水生产和供应企业。

15 家企业排放总氮 7.75t，占工业总氮排放总量的 67.33%。其中，排放总氮最多的是国家电投集团重庆白鹤电力有限公司，排放总氮 2.05t，占工业排放总量的 17.81%；其次是开县白鹤街道办事处生猪定点屠宰场，排放总氮 1.36t，占工业排放总量的 11.82%；第三是重庆市开州区陈家生猪定点屠宰场，排放总氮 0.54t，占工业排放总量的 4.69%，具体分布情况见表 5-15。开州区排放总氮前五的企业，有四家属于牲畜屠宰行业，由此可知，开州区总氮排放的最主要行业为牲畜屠宰。

表 5-15 工业源总氮排放量前 15 名的企业情况

序号	单位详细名称	行业名称	行业代码	总氮排放量/t
1	国家电投集团重庆白鹤电力有限公司	火力发电	4411	2.05
2	开县白鹤街道办事处生猪定点屠宰场	牲畜屠宰	1351	1.36
3	重庆市开州区陈家生猪定点屠宰场	牲畜屠宰	1351	0.54
4	重庆市钱江食品集团民意肉类食品有限公司	牲畜屠宰	1351	0.52
5	开县和谦镇生猪定点屠宰场	牲畜屠宰	1351	0.45
6	重庆润江羊绒制品有限公司	其他机织服装制造	1819	0.43
7	重庆开州清泉水务建设有限公司岳溪自来水厂	自来水生产和供应	4610	0.39
8	重庆开州清泉水务建设有限公司赵家自来水厂	自来水生产和供应	4610	0.35
9	重庆立达服装有限公司	其他机织服装制造	1819	0.34
10	重庆钱江食品集团万顺肉类食品有限公司	牲畜屠宰	1351	0.32
11	重庆鼎实食品开发有限公司	牲畜屠宰	1351	0.26
12	重庆市开州清泉水务建设有限公司长沙自来水厂分厂	自来水生产和供应	4610	0.25
13	重庆开州清泉水务建设有限公司高桥自来水厂	自来水生产和供应	4610	0.21
14	重庆开州清泉水务建设有限公司敦好自来水厂	自来水生产和供应	4610	0.14
15	重庆开州清泉水务建设有限公司温泉自来水厂	自来水生产和供应	4610	0.14
合计				7.75

注：表中总氮排放量均保留两位小数，合计数据因小数取舍而产生的误差，未做机械调整。

5.2.2.4 总磷排放量占比 80%以上的行业

2017 年开州区工业企业共产生总磷 3.40t，排放 0.85t，通过废水治理设施处理减少总磷排放量 2.55t，削减率为 75.00%。

根据行业大类划分，开州区产生总磷的行业有 6 类，排放总磷的行业只有 4 类。总磷排放的主要行业（排放占比 80%以上）为农副食品加工业，水的生产和供应业。

主要行业共排放总磷 0.74t，占工业排放总量的 87.06%。其中，农副食品加工业产生总磷 2.41t，排放 0.53t，削减率为 78.01%；水的生产和供应业产生总磷 0.21t，排放 0.21t，削减率为 0.00%。具体分布情况见表 5-16 和图 5-14。

表 5-16　工业源总磷分行业（大类）产生排放统计表

序号	工业行业	产生量/t	排放量/t	排放量占比/%	排放量排名	削减率/%
1	13丨农副食品加工业	2.41	0.53	62.35	1	78.01
2	46丨水的生产和供应业	0.21	0.21	24.71	2	0.00
3	15丨酒、饮料和精制茶制造业	0.07	0.06	7.06	3	14.29
4	18丨纺织服装、服饰业	0.56	0.05	5.88	4	91.07
5	27丨医药制造业	0.12	0.00	0.00	5	100.00
6	22丨造纸和纸制品业	0.01	0.00	0.00	6	100.00
合　计		3.40	0.85	100.00	—	75.00

注：表中数据均保留两位小数，合计数据因小数取舍而产生的误差，均未做机械调整。

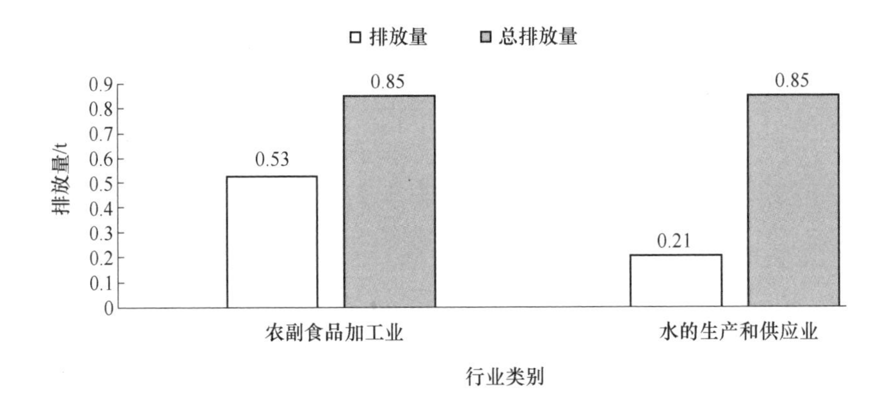

图 5-14　工业总磷排放占比 80%以上的行业与排放总量对比图

5.2.2.5　其他污染物行业排放

（1）石油类：开州区 2017 年工业企业石油类产生 0.37t，排放 0.07t，通过污染治理设施处理减少排放量 0.30t，削减率为 81.08%。根据行业大类划分，开州区工业污染源只有四类行业的 17 个企业产生和排放石油类，包括：煤炭开采和洗选业产生 0.32t，排放 0.02t；食品制造业产生 0.01t，排放 0.01t；化学原料和化学制品制造业产生 0.01t，排放 0.01t；废弃资源综合利用业产生 0.03t，排放为 0.03t。

（2）挥发酚：只有重庆市品胜新材料有限公司一家企业的产生和排放为 0.063kg。

（3）氰化物：只有重庆市康万佳中药饮片有限公司一家企业的产生和排放为 0.014kg。

（4）重金属（铅、汞、镉、铬和类金属砷）：只有 3 家煤矿开采和 1 家中药饮片加工企业产生排放。

以上污染物开州区 2017 年工业污染源未产生排放，或者排放量很少且只在特殊行业排放，故行业和企业的对比性分析意义不大，不作为划分污染物排放重点企业的指标，只做以上简单汇总表述。

5.2.3 重点流域工业废水主要污染物排放量

开州区只属于一个流域，为长江三峡段小江支流流域，境内受纳水体 28 个，包括河流水体 26 个和水库水体 2 个，其中主要的受纳水体有小江、普里河、桃溪河和南河。

核算和统计分析普查数据，2017 年工业源废水及主要污染物排入开州区主要受纳水体的情况为：排入小江工业废水量 $55.6380\times10^4m^3$，化学需氧量 50.38t、氨氮 3.04t、总氮 5.24t、总磷 0.33t、石油类 0.031t；排入普里河工业废水量 $28.1276\times10^4m^3$，化学需氧量 28.24t、氨氮 0.47t、总氮 2.28t、总磷 0.17t、石油类 0.014t；排入桃溪河工业废水量 $9.5749\times10^4m^3$，化学需氧量 5.31t、氨氮 0.06t、总氮 0.49t、总磷 0.04t、石油类 0.006t；排入南河工业废水量 $14.5110\times10^4m^3$，化学需氧量 4.00t、氨氮 0.18t、总氮 1.39t、总磷 0.14t、石油类 0.003t。其他受纳水体的工业废水及污染物排入量相对较少，具体分布情况见表 5-17 和图 5-15。

表 5-17 工业源废水污染物排放情况统计表（按受纳水体分）

序号	受纳水体名称	废水排放量/m^3	化学需氧量排放量/t	氨氮排放量/t	总氮排放量/t	总磷排放量/t	石油类排放量/t
1	小江	556380	50.38	3.04	5.24	0.33	0.031
2	普里河	281276	28.24	0.47	2.28	0.17	0.014
3	桃溪河	95749	5.31	0.06	0.49	0.04	0.006

续表 5-17

序号	受纳水体名称	废水排放量/m³	化学需氧量排放量/t	氨氮排放量/t	总氮排放量/t	总磷排放量/t	石油类排放量/t
4	南河	145110	4	0. 18	1. 39	0. 14	0. 003
5	岳溪河	82930	2. 97	0. 09	0. 61	0. 05	0. 00
6	齐力河	113119	1. 43	0. 02	0. 23	0. 02	0. 006
7	紫水河	11168	1. 24	0. 07	0. 24	0. 01	0. 00
8	青竹溪	15873	0. 83	0. 10	0. 12	0. 02	0. 00
9	后河	36951	0. 82	0. 01	0. 37	0. 05	0. 00
10	盐井坝河	18057	0. 74	0. 00	0. 13	0. 01	0. 00
11	清江河	334	0. 72	0. 00	0. 03	0. 00	0. 00
12	水磨溪	101215	0. 71	0. 00	0. 02	0. 00	0. 01
13	映阳河	23808	0. 64	0. 00	0. 17	0. 00	0. 00
14	南雅河	15999	0. 52	0. 00	0. 11	0. 01	0. 00
15	牛蹄寺河	199	0. 39	0. 00	0. 01	0. 00	0. 00
16	肖家沟	5966	0. 27	0. 00	0. 03	0. 00	0. 00
17	破石沟	6077	0. 24	0. 00	0. 03	0. 00	0. 00
18	头道河	96	0. 21	0. 00	0. 01	0. 00	0. 00
19	满月河	62	0. 14	0. 00	0. 00	0. 00	0. 00
合计		1510369	99. 80	4. 04	11. 51	0. 85	0. 07

注：表中数据“废水排放量”因个别水体排放较少，采用单位为“m³”，为实际调查值。污染物排放量均保留两位小数，合计数据因小数取舍而产生的误差，均未做机械调整。

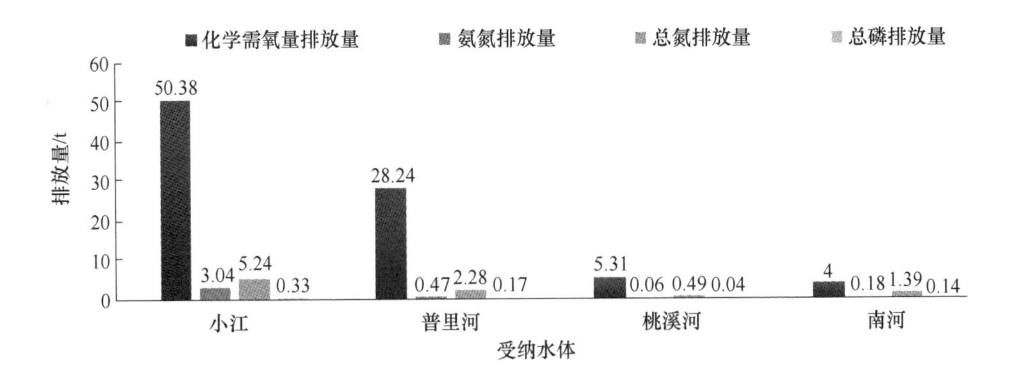

图 5-15　开州区 2017 年主要受纳水体接受污染物比例图

2017 年开州区四个主要水体，共排入工业废水 107. 8515×10⁴m³，占全区工业废水排放总量的71.41%；排入工业化学需氧量87.93t，占全区工业排放总量的88.11%；排入工业氨氮3.75t，占全区工业排放总量的92.82%；排入总氮9.40t，占全区工业排放总量的81.67%；排入总磷0.68t，占全区工业排放总量的80.00%；排入石油类0.054t，占全区工业排放总量的77.14%。

由此可见，开州区主要的受纳水体2017年工业废水及主要污染物排入量均占到工业排放总量的70%以上，其工业废水及污染物的排放负荷比较重，其中小江的工业污染负荷最重，其余依次是普里河、桃溪河和南河，因此需要进一步加大污染治理力度，保证其水质稳定达标。

5.2.4 重点地区工业废水主要污染物排放量

废水及主要污染物的排放量按照乡镇街道统计分析，开州区除白泉乡之外，其余39个乡镇街道均有废水排放企业。各乡镇街道废水及主要污染物排放见表5-18。

表5-18 工业废水及污染物排放统计表（按乡镇街道分）

序号	乡镇名称	废水排放量/m^3	化学需氧量排放量/t	氨氮排放量/t	总氮排放量/t	总磷排放量/t	石油类排放量/t
1	白鹤街道办事处	431248	39.652	2.610	3.600	0.196	0.029
2	渠口镇	66524	11.669	0.039	0.111	0.006	0.000
3	长沙镇	53897	8.141	0.245	0.877	0.094	0.000
4	和谦镇	8106	5.480	0.181	0.482	0.063	0.000
5	赵家街道办事处	147770	5.375	0.146	1.119	0.053	0.014
6	大德镇	23054	3.578	0.042	0.238	0.017	0.000
7	南门镇	6223	2.986	0.037	0.130	0.016	0.000
8	岳溪镇	85563	2.244	0.087	0.611	0.046	0.000
9	丰乐街道办事处	35027	1.765	0.180	0.554	0.028	0.000
10	敦好镇	60066	1.666	0.018	0.171	0.012	0.006
11	高桥镇	113119	1.430	0.020	0.227	0.014	0.006
12	九龙山镇	16098	1.331	0.016	0.132	0.010	0.000
13	铁桥镇	34878	0.832	0.091	0.433	0.073	0.002

续表 5-18

序号	乡镇名称	废水排放量/m^3	化学需氧量排放量/t	氨氮排放量/t	总氮排放量/t	总磷排放量/t	石油类排放量/t
14	紫水乡	11194	1.295	0.077	0.237	0.010	0.000
15	郭家镇	43280	1.274	0.024	0.427	0.060	0.000
16	临江镇	37295	1.209	0.022	0.247	0.015	0.001
17	镇安镇	12729	0.931	0.012	0.101	0.007	0.000
18	麻柳乡	7560	0.834	0.009	0.069	0.005	0.000
19	温泉镇	32768	0.834	0.027	0.228	0.013	0.003
20	天和镇	101227	0.738	0.002	0.021	0.001	0.010
21	文峰街道办事处	39102	0.730	0.042	0.481	0.033	0.000
22	大进镇	28421	0.643	0.014	0.180	0.011	0.000
23	河堰镇	17988	0.616	0.011	0.120	0.008	0.000
24	关面乡	13152	0.596	0.009	0.092	0.006	0.000
25	中和镇	23689	0.499	0.016	0.163	0.016	0.000
26	厚坝镇	1573	0.513	0.013	0.037	0.010	0.000
27	南雅镇	15907	0.367	0.008	0.101	0.006	0.000
28	谭家镇	4737	0.355	0.005	0.039	0.003	0.000
29	巫山镇	9378	0.339	0.006	0.063	0.004	0.000
30	竹溪镇	11384	0.309	0.006	0.072	0.004	0.000
31	五通乡	4426	0.286	0.004	0.034	0.003	0.000
32	金峰镇	5966	0.255	0.007	0.045	0.004	0.000
33	白桥镇	81	0.255	0.003	0.008	0.000	0.000
34	义和镇	6077	0.241	0.004	0.042	0.003	0.000
35	镇东街道办事处	96	0.206	0.002	0.006	0.001	0.000
36	三汇口乡	134	0.177	0.002	0.007	0.001	0.000
37	满月乡	62	0.136	0.001	0.005	0.001	0.000
38	汉丰街道办事处	559	0.011	0.000	0.002	0.000	0.000
39	云枫街道办事处	11	0.000	0.000	0.000	0.000	0.000
合　计		1510369	99.80	4.04	11.51	0.85	0.07

注：为体现乡镇街道主要污染物排放差别，污染物的排放量保留三位小数；合计排放量为保证报告前后一致保留两位小数；合计数据因小数取舍而产生的误差，均未做机械调整。

由表 5-18 分析得知，开州区普查的工业污染源数量分布最多的乡镇街道是赵家街道办事处和白鹤街道办事处，主要是因为两个街道集聚了开州工业园区的大部分企业。但是，赵家街道办事处工业主要废水污染物排放量排名大致为第五，其原因如下：

（1）开州区工业园区科学编制了总体规划，明确了产业方向，园区企业以轻工业为主，重污染企业很少，排放的废水、废气及污染物的量不多；

（2）赵家街道办事处合理规划建设了集中污水处理设施，该污水处理厂日处理设计能力为 15000m^3，完全能够满足当前工业废水的处理；

（3）配套建设了完善的污水管网，基本上园区企业废水都能进入了污水处理厂处理后达标排放，其排放浓度相对较低；

（4）合理划定了工业园区边界，根据发展设置分园，并且园区管理机构加强了生态环境改善责任意识，制定了环境管理策略。

表 5-18 基本上体现了开州区废水排放企业的分布和乡镇街道工业水污染的压力，也为开州区以后废水排放企业的布局和管网建设、工业废水处理提供了一定参考依据。对于废水污染物排放较多的地区，可以深入排查涉污企业信息，建立环境管理档案，做到污染防控“心中有数”。

工业废水排放量白鹤街道办事处最多，这是因为有火力发电企业国家电投集团重庆白鹤电力有限公司消耗并排放大量废水；赵家街道办事处第二，这是因为赵家街道办事处为工业园区所在；高桥镇第三，天和镇第四，主要是因为两个乡镇各有 1 家煤矿开采企业；岳溪镇第五，主要是因为岳溪镇有 6 家水厂。

工业化学需氧量排放量最多的是白鹤街道办事处，这是因为有火力发电企业国家电投集团重庆白鹤电力有限公司，虽然该企业工业废水污染物浓度不高，且经过治理设施处理后，排放浓度更低，完全能够达到排放标准，但由于火力发电消耗和排放的工业废水量大，故化学需氧量排放仍然最多；第二是渠口镇，这是因为辖区内有 1 家再生纸生产企业重庆市开县富余再生纸厂和 1 家生活垃圾焚烧发电企业重庆绿能新能源有限公司，两家企业排放化学需氧量较多；第三是长沙镇，主要是因为该镇有畜禽屠宰企业重庆市开州区陈家生猪定点屠宰场；第四是和谦镇，主要是因为该镇有畜禽屠宰企业开县和谦镇生猪定点屠宰场，畜禽屠宰行业产生的废水中化学需氧量浓度较高，而长沙镇和和谦镇屠宰企业的污水治理设施比较简单，化学需氧量的去除率不高，所以排放的量较多；第五是赵家街道办事处，主要是工业园区所在，聚集园区企业较多。

工业氨氮排放量最多的白鹤街道办事处，因为有火力发电企业国家电投集团重庆白鹤电力有限公司，消耗并排放大量废水，氨氮排放量大；第二是长沙镇，第三是和谦镇，第四是丰乐街道办事处，三个乡镇街道都有一家畜禽屠宰行业，产生排放的氨氮较多；第五是赵家街道办事处，主要是工业园区所在，分布企业较多。

工业总磷排放量最多是白鹤街道办事处，因为有火力发电企业国家电投集团重庆白鹤电力有限公司，消耗并排放大量废水，总氮排放量大；第二是赵家街道办事处，主要是工业园区所在，企业数量较多；第三是长沙镇，因为有一家屠宰企业；第四是岳溪镇，主要是因为水厂较多；第五是丰乐街道办事处，因为有一家屠宰企业。

工业总氮排放量最多的是白鹤街道办事处，因为有火力发电企业国家电投集团重庆白鹤电力有限公司，消耗并排放大量废水，总磷排放量大；第二是长沙镇，第三是铁桥镇，第四是和谦镇，第五是郭家镇，主要是以上乡镇街道各有1家屠宰企业。

工业石油类排放量最多的是白鹤街道办事处，因为有两家塑料加工企业；第二是赵家街道办事处，主要是工业园区所在，部分企业排放石油类污染物；第三天是和镇，第四是高桥镇，第五是敦好镇，主要是三个乡镇街道各有1家煤炭开采企业，产生并排放石油类污染物。

5.3 废气污染物产生、排放与处理情况

5.3.1 工业废气及污染物产排情况

开州区2017年工业污染源有废气产生的企业483家，占工业普查总数的49.04%；无废气产生的企业502家，占工业普查总数的50.96%。

5.3.1.1 工业废气主要污染源产排情况

根据实际调查结果统计，开州区2017年工业企业建有废气污染治理设施97套，其中脱硫治理设施数量35套、脱硝治理设施数量5套、除尘治理设施数量48套、挥发性有机污染物治理设施数量9套，如图5-16所示。

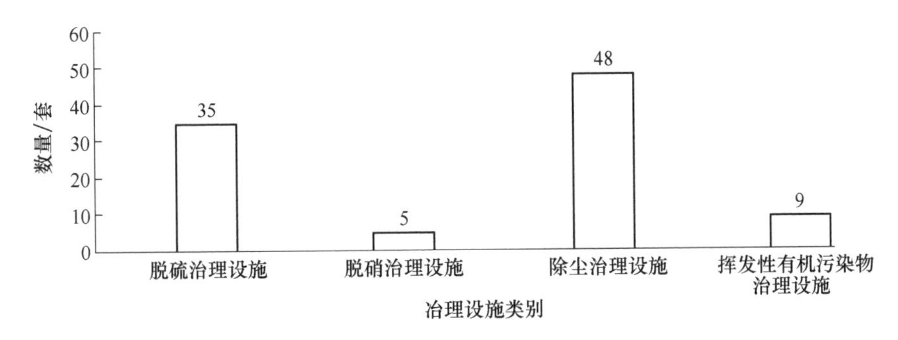

图 5-16 开州区废气污染治理设施分类比例图

汇总普查数据，2017 年开州区工业污染源共排放废气 2547443.2342×10^4m^3。废气污染物产生排放情况为：二氧化硫产生 13525.18t，排放 2704.75t，经处理削减 10820.43t，削减率 80.00%；氮氧化物产生 4495.04t，排放 1645.44t，经处理削减 2849.60t，削减率 63.39%；颗粒物产生 442138.60t，排放 5427.29t，经处理削减 436711.31t，削减率 98.77%；挥发性有机物产生 179.21t，排放 178.06t，经处理削减 1.15t，削减率 0.64%。具体分布情况见表 5-19。

表 5-19 开州区 2017 年工业废气污染物产生排放情况表

序号	污染物名称	产生量/t	排放量/t	削减量/t	削减率/%
1	二氧化硫	13525.18	2704.75	10820.43	80.00
2	氮氧化物	4495.04	1645.44	2849.60	63.39
3	颗粒物	442138.60	5427.29	436711.31	98.77
4	挥发性有机物	179.21	178.06	1.15	0.64

注：表中所有数据均保留两位小数。

5.3.1.2 工业源能源消耗情况

开州区 2017 年工业企业消耗的能源共有煤炭（一般烟煤、原煤、和无烟煤）、天然气、城市生活垃圾、煤矸石和柴油 5 类。能源消耗情况为：煤炭合计消耗 1021641.1t，其中一般烟煤消耗 919722t、原煤消耗 100640t、无烟煤消耗 1279.1t；天然气消耗 1191.745×10^4m^3；城市生活垃圾（用于燃料）消耗 99555t；煤矸石（用于燃料）消耗 8600t；柴油消耗 78.64t。

总体来说，开州区的工业企业能源消耗仍以煤炭和天然气为主，具体分布情况见表 5-20 和图 5-17。柴油和城市生活垃圾只在生活垃圾焚烧发电企业重庆绿能新能源有限公司使用，且煤矸石只在三家砖厂使用，不具有对比性，所以行业和乡镇街道的能源消耗情况只对煤炭和天然气进行分析。

表 5-20 开州区 2017 年工业能源消耗情况

序号	能源名称	能源消耗量/t
1	一般烟煤	919722
2	原煤	100640
3	城市生活垃圾（用于燃料）	99555
4	煤矸石（用于燃料）	8600
5	无烟煤	1279.1
6	天然气	$1191.745\times10^4 m^3$
7	柴油	78.64

注：表中“能源消耗量/t”为调查实际数据，未对小数进行取舍。

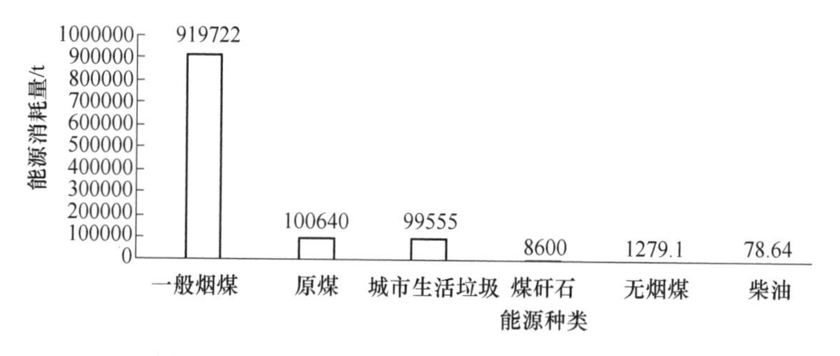

图 5-17 2017 年开州区工业企业能源消耗图

对比分析各乡镇街道煤炭的消耗情况，开州区 2017 年工业煤炭消耗的重点乡镇街道（排名前三）依次为：白鹤街道办事处工业煤炭消耗 863753.5t，占全区工业煤炭消耗总量的 84.55%；温泉镇工业煤炭消耗 101960t，占全区工业煤炭消耗总量的 9.98%；临江镇工业煤炭消耗 7866t，占全区工业煤炭消耗总量的 0.77%。

三个重点乡镇街道的工业企业 2017 年共消耗煤炭 973579.5t，占全区工业煤炭消耗总量的 95.30%，其余 37 个乡镇街道工业煤耗量只有总量的 4.70%，如图 5-18 所示。

白鹤街道办事处工业耗煤量最多，主要原因是辖区内有火力发电企业国家电投集团重庆白鹤电力有限公司，该企业建有两台 30×10^4kW 的发电机组，2017 年消耗煤炭 855930t，占白鹤街道办事处工业耗煤的 99.09%，占

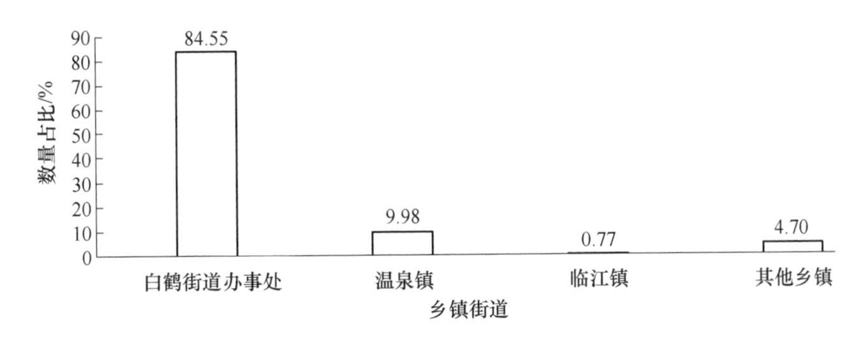

图 5-18 开州区 2017 年工业煤炭消耗重点乡镇街道对比图

全区工业耗煤总量的 83.78%；温泉镇工业耗煤量第二，主要是辖区内有水泥制造企业开县开州水泥有限公司，该企业设计生产水泥 2500t/d，2017 年消耗煤炭 100640t。仅两家企业 2017 年耗煤量就有 956570t，达到全区工业耗煤总量的 93.63%，所以火力发电和水泥制造仍是开州区的用煤大户。

对比分析各乡镇街道天然气的消耗情况，开州区 2017 年工业天然气消耗的重点乡镇街道（排名前三）依次为：白鹤街道办事处工业消耗天然气 $921.692\times10^4 m^3$，占全区工业天然气消耗总量的 77.34%；赵家街道办事处工业消耗天然气 $178.981\times10^4 m^3$，占全区工业天然气消耗总量的 15.02%；铁桥镇工业消耗天然气 $64.8\times10^4 m^3$，占全区工业天然气消耗总量的 5.44%。

三个乡镇街道工业企业 2017 年共消耗天然气 $1165.473\times10^4 m^3$，占全区工业天然气消耗总量的 97.80%，其余 37 个乡镇街道的工业天然气消耗量只有总量的 2.20%，如图 5-19 所示。

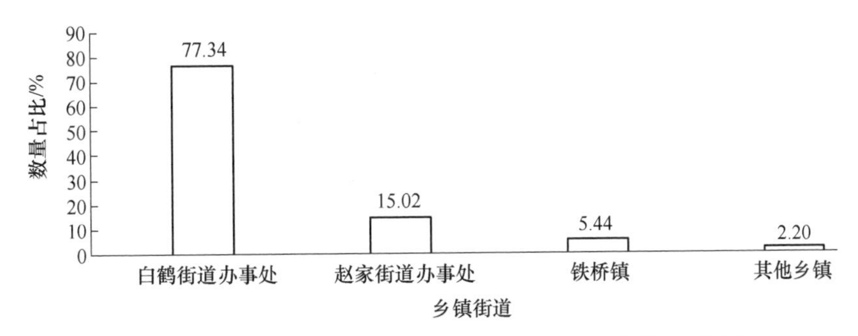

图 5-19 开州区 2017 年工业天然气消耗重点乡镇街道对比图

白鹤街道办事处工业消耗天然气量最多，赵家街道办事处第二，其原因如下：

（1）两个街道办事处均为开州区工业园区集聚地，分布的工业企业数量较多；

（2）园区的企业规模相对较大，天然气的消耗量也相对较多；

（3）两个街道办事处的天然气使用均已覆盖，随着企业自身环保意识的不断提高，为保护环境，逐渐使用天然气替代传统能源煤炭。

铁桥镇工业消耗天然气量排名第三，主要是辖区内有一家日用陶瓷制品制造企业重庆市开州区金来陶瓷有限公司，其烧制陶瓷制品的窑炉使用天然气，且使用量较大。

煤炭和天然气仍然是开州区工业企业的主要消耗能源，2017 年开州区工业企业合计消耗煤炭 1021641.1t，消耗天然气 $1191.745\times10^4m^3$。各乡镇街道工业煤炭和天然气消耗情况见表 5-21。

表 5-21　开州区 2017 年各乡镇街道工业能源（煤、气）消耗情况

序号	乡镇街道	煤炭消耗量/t	煤炭消耗占比/%	天然气消耗量/m^3	天然气消耗占比/%
1	白鹤街道办事处	863753.5	84.55	921.692×10^4	77.34
2	温泉镇	101960	9.98	0	0
3	临江镇	7866	0.77	0	0
4	文峰街道办事处	6310	0.62	23.237×10^4	1.95
5	岳溪镇	4704	0.46	0	0
6	铁桥镇	4503	0.44	64.8×10^4	5.44
7	竹溪镇	3806	0.37	0	0
8	渠口镇	3634	0.36	0	0
9	赵家街道办事处	3595	0.35	178.981×10^4	15.02
10	大进镇	3465	0.34	0	0
11	长沙镇	3074	0.3	0.436×10^4	0.04
12	大德镇	2849	0.28	0	0
13	巫山镇	2810.5	0.28	0	0
14	郭家镇	2510	0.25	0	0
15	丰乐街道办事处	2256	0.22	0.042×10^4	0
16	高桥镇	1657.5	0.16	0.08×10^4	0.01
17	九龙山镇	1117.2	0.11	0	0
18	南门镇	574	0.06	0	0
19	敦好镇	357	0.03	0.13×10^4	0.01
20	紫水乡	210	0.02	0	0
21	麻柳乡	93.6	0.01	0	0

续表 5-21

序号	乡镇街道	煤炭消耗量/t	煤炭消耗占比/%	天然气消耗量/m^3	天然气消耗占比/%
22	镇安镇	84	0.01	0.42×10^4	0.04
23	白泉乡	60	0.01	0	0
24	和谦镇	54	0.01	0	0
25	关面乡	46	0	0	0
26	厚坝镇	44	0	0	0
27	谭家镇	41	0	0	0
28	三汇口乡	32	0	0	0
29	河堰镇	32	0	0	0
30	五通乡	22	0	0	0
31	中和镇	19.9	0	0	0
32	满月乡	18	0	0	0
33	金峰镇	17	0	0	0
34	镇东街道办事处	15.2	0	0.2×10^4	0.02
35	天和镇	14	0	0	0
36	南雅镇	14	0	0	0
37	白桥镇	14	0	0	0
38	义和镇	8.7	0	1.592×10^4	0.13
39	云枫街道办事处	0	0	0.105×10^4	0.01
40	汉丰街道办事处	0	0	0.03×10^4	0.00
合　计		1021641.1	100.00	1191.745×10^4	100.00

注：表中“煤炭消耗量”和“天然气消耗量”为调查实际数据，未对小数进行取舍；消耗占比数据保留两位小数；合计数据因小数取舍而产生的误差，均未做机械调整。

按照行业类别大类划分，开州区 2017 年工业煤炭消耗的主要行业（85%以上）为电力、热力生产和供应业，非金属矿物制品业。其中，电力、热力生产和供应业消耗煤炭 855930t；非金属矿物制品业消耗煤炭 158182t。主要行业消耗煤炭 1014112t，占全区工业煤炭消耗总量的 99.26%。

2017 年工业天然气消耗的主要行业（85%以上）是非金属矿物制品业、纺织服装、服饰业，计算机、通信和其他电子设备制造业。其中，非金属矿物制品业消耗天然气 $874.8\times10^4m^3$；纺织服装、服饰业消耗天然气 $86.16\times10^4m^3$；计算机、通信和其他电子设备制造业消耗天然气 $84.605\times10^4m^3$。主要行业消耗天然气 $1045.565\times10^4m^3$，占全区工业天然气消耗总量的 87.73%。

其他行业的煤炭消耗量不足工业煤炭消耗总量的1%，天然气消耗量也只有总量的12.27%。相比而言，其他行业的煤炭消耗量和天然气耗量很小，具体分布情况见表5-22、图5-20和图5-21。

表5-22 开州区工业能源（煤、气）消耗情况（行业大类划分）

序号	行业名称	煤炭消耗量/t	煤炭消耗排名	天然气消耗量/m^3	天然消耗排名
1	44丨电力、热力生产和供应业	855930	1	0	10
2	30丨非金属矿物制品业	158182	2	874.8×10^4	1
3	15丨酒、饮料和精制茶制造业	2672.7	3	3.605×10^4	9
4	20丨木材加工和木、竹、藤、棕、草制品业	2500	4	0	11
5	22丨造纸和纸制品业	1012	5	0	12
6	13丨农副食品加工业	909.4	6	33.278×10^4	5
7	23丨印刷和记录媒介复制业	310	7	0	13
8	42丨废弃资源综合利用业	120	8	0	14
9	26丨化学原料和化学制品制造业	5	9	0	15
10	18丨纺织服装、服饰业	0	15	86.16×10^4	2
11	39丨计算机、通信和其他电子设备制造业	0	10	84.605×10^4	3
12	27丨医药制造业	0	14	49.275×10^4	4
13	33丨金属制品业	0	12	27.315×10^4	6
14	19丨皮革、毛皮、羽毛及其制品和制鞋业	0	13	25×10^4	7
15	14丨食品制造业	0	11	7.707×10^4	8
合　计		1021641.1	—	1191.745×10^4	—

注：表中“煤炭消耗量”和“天然气消耗量”为调查实际数据，未对小数进行取舍。

5.3.1.3 锅炉类型及废气污染物排放情况

实据现场调查，开州区2017年工业锅炉共有198台。按照是否属于电站锅炉划分：电站锅炉4台，非电站锅炉194台。按照燃料类型划分：燃煤锅炉178台，燃气锅炉18台，燃生物质锅炉2台。按照额定出力划分：不大于0.5t/h的锅炉171台；大于0.5t/h，且不大于1t/h的锅炉9台；大于1t/h，且不大于5t/h的锅炉13台；大于5t/h，且不大于10t/h的锅炉1台；

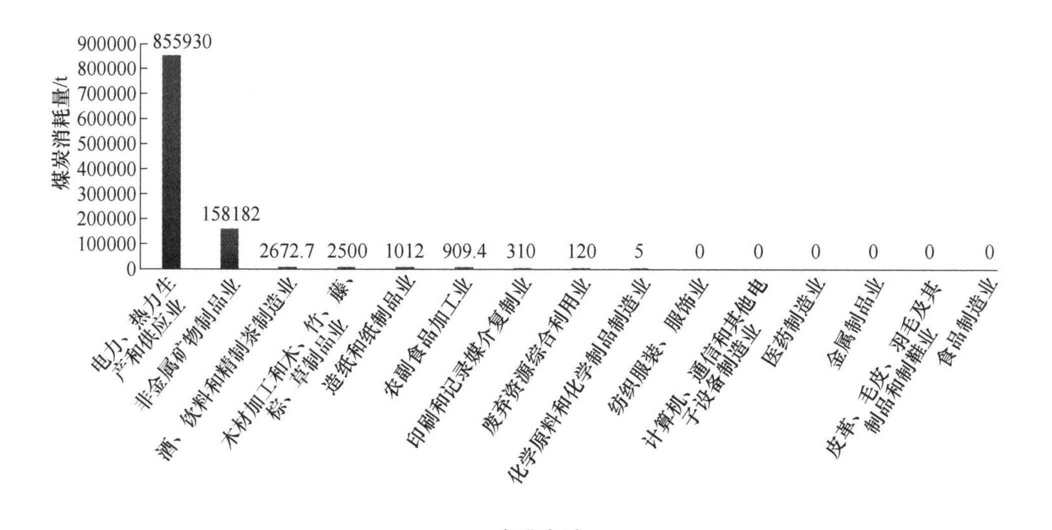

图 5-20 开州区工业行业煤炭消耗占比总量图

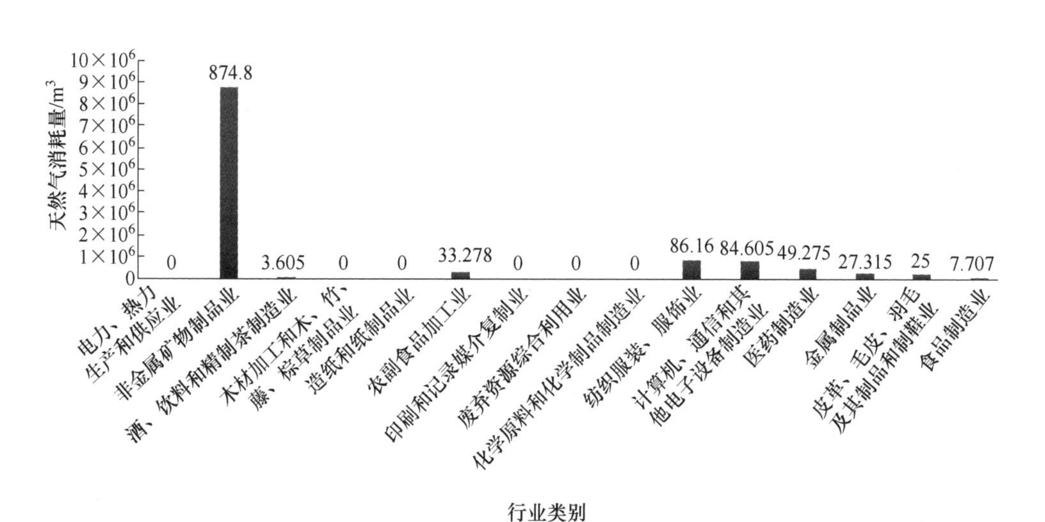

图 5-21 开州区工业行业天然气消耗占比总量图

大于 10t/h，且不大于 30t/h 的锅炉 2 台；大于 30t/h 的锅炉 2 台。具体分布情况见表 5-23。

表 5-23 开州区工业锅炉数量和类型划分情况表

序号	划分依据	锅炉类型	锅炉数量/台	总量占比/%
1	是否电站锅炉划分	电站锅炉	4	2.02
		非电站锅炉	194	97.98
2	燃料类型划分	燃煤锅炉	178	89.90
		燃气锅炉	18	9.09
		燃生物质锅炉	2	1.01
3	额定出力划分	锅炉≤0.5t/h	171	86.36
		0.5t/h<锅炉≤1t/h	9	4.55
		1t/h<锅炉≤5t/h	13	6.57
		5t/h<锅炉≤10t/h	1	0.51
		10t/h<锅炉≤30t/h	2	1.01
		锅炉>30t/h	2	1.01

由表5-23可知，开州区不大于0.5t/h的工业锅炉有171台，占全区工业锅炉总数的86.36%，说明开州区的工业锅炉大部分属于小型锅炉，微型作坊式酿酒企业占有相当高的比例。

198台锅炉有废气治理设施21套，其中脱硫设施6套，脱硝设施4套和除尘设施11套。2017年开州区工业锅炉共计燃煤863744t，燃烧天然气 $278.145\times10^4m^3$，燃烧城市生活垃圾99555t，燃烧柴油（用于点火）78.64t。

工业锅炉2017年排放废气 $978223.9765\times10^4m^3$，二氧化硫产生11162.89t，排放1344.36t；氮氧化物产生2904.71t，排放735.57t；颗粒物产生313954.02t，排放403.81t；挥发性有机物产生10.64t，排放10.64t。

5.3.1.4 窑炉类型及废气污染物排放情况

实际现场调查，开州区2017年工业窑炉共有38座，其中水泥窑1座，加热炉2座，烧成窑30座，干燥炉（窑）2座，其他工业炉窑3座。

工业窑炉2017年共消耗煤炭157447t，消耗天然气 $902.115\times10^4m^3$，消耗煤矸石（用于燃料）8600t。窑炉安装废气治理设施64套，其中安装脱硫设施30套，安装脱硝设施1套，安装除尘设施33套，具体分布情况见表5-24。

工业窑炉2017年排放废气 $1201464.8118\times10^4m^3$，二氧化硫产生

1411.67t，排放409.77t；氮氧化物产生1561.81t，排放881.35t；颗粒物产生123143.12t，排放2244.71t；挥发性有机物产生34.11t，排放34.11t。

表5-24 开州区2017年工业窑炉及其废气治理设施情况表

序号	统计类别名称	数量	单位
1	2017年工业窑炉	38	座
2	其中：烧成窑	30	座
3	水泥窑	1	座
4	加热炉	2	座
5	干燥炉（窑）	2	座
6	其他工业炉窑	3	座
7	工业窑炉能源消耗量	—	—
8	煤炭	157447	t
9	天然气	9021150	m^3
10	煤矸石（用于燃料）	8600	t
11	窑炉废气治理设施	64	套
12	脱硫设施	30	套
13	脱硝设施	1	套
14	除尘设施	33	套

5.3.1.5 工业固体物料堆场情况

实际现场调查，开州区2017年涉及固体物料堆场的工业污染源123家，共建有固体物料堆场130个。

按照堆场密闭状态划分，其中敞开式堆放36个，半敞开式堆放94个；按照堆场物料划分，其中煤炭（非褐煤）堆场118个，煤矸石堆场6个，烟道灰堆场2个，混合矿石堆场1个，石灰岩堆场1个，污泥堆场1个，炉渣堆场1个。

开州区固体物料堆场粉尘控制措施主要以洒水、围挡、出入车辆冲洗为主，固体物料堆场2017年粉尘产生量3666.342t，排放量1910.212t，具体分布情况见表5-25。

表5-25 开州区2017年工业固体物料堆场情况表

指 标 名 称	指标值/个
填报企业数	123

续表 5-25

指标名称		指标值/个
堆场数	煤炭（非褐煤）堆场	118
	煤矸石堆场	6
	烟道灰堆场	2
	混合矿石堆场	1
	石灰岩堆场	1
	污泥堆场	1
	炉渣堆场	1
粉尘产生量		3666. 342t
粉尘排放量		1910. 212t

5. 3. 2　主要污染物排放量占比 80%以上的行业

5. 3. 2. 1　二氧化硫排放量占比 80%以上的行业

2017 年开州区工业企业共产生二氧化硫 13525. 18t，排放 2704. 75t，通过废气治理设施处理减少二氧化硫排放量 10820. 43t，削减率为 80. 00%。

根据行业大类划分，开州区工业二氧化硫排放的主要行业（排放占比 80%以上）为：电力、热力生产和供应业，石油和天然气开采业，以及非金属矿物制品业。

主要行业共计排放二氧化硫 2548. 11t，占工业排放总量的 94. 21%。其中，电力、热力生产和供应业产生二氧化硫 11009. 93t，排放 1200. 31t，削减率为 89. 10%；石油和天然气开采业产生二氧化硫 918. 90t，排放 918. 90t，未削减率；非金属矿物制品业产生二氧化硫 1429. 47t，排放 428. 90t，削减率为 70. 00%。其余 19 个行业排放的二氧化硫相对很少，合计只占工业二氧化硫排放总量的 5. 78%。具体分布情况见表 5-26 和图 5-22。

表 5-26　工业二氧化硫分行业（大类）产生排放统计表

序号	工业行业类别	产生量/t	排放量/t	排放量占比/%	排放量排名	削减率/%
1	44丨电力、热力生产和供应业	11009. 93	1200. 31	44. 38	1	89. 10
2	07丨石油和天然气开采业	918. 90	918. 90	33. 97	2	0. 00
3	30丨非金属矿物制品业	1429. 47	428. 90	15. 86	3	70. 00

续表 5-26

序号	工业行业类别	产生量/t	排放量/t	排放量占比/%	排放量排名	削减率/%
4	18丨纺织服装、服饰业	34.46	34.46	1.27	4	0.00
5	20丨木材加工和木、竹、藤、棕、草制品业	30.00	30.00	1.11	5	0.00
6	15丨酒、饮料和精制茶制造业	34.16	25.24	0.93	6	26.11
7	13丨农副食品加工业	24.70	24.70	0.91	7	0.00
8	22丨造纸和纸制品业	12.14	12.14	0.45	8	0.00
9	33丨金属制品业	10.93	10.93	0.40	9	0.00
10	19丨皮革、毛皮、羽毛及其制品和制鞋业	10.00	10.00	0.37	10	0.00
11	23丨印刷和记录媒介复制业	3.72	3.72	0.14	11	0.00
12	14丨食品制造业	3.08	3.08	0.11	12	0.00
13	26丨化学原料和化学制品制造业	1.71	1.71	0.06	13	0.00
14	39丨计算机、通信和其他电子设备制造业	0.34	0.34	0.01	14	0.00
15	27丨医药制造业	0.20	0.20	0.01	15	0.00
16	42丨废弃资源综合利用业	1.44	0.11	0.00	16	92.36
17	21丨家具制造业	0.00	0.00	0.00	17	—
18	29丨橡胶和塑料制品业	0.00	0.00	0.00	18	—
19	41丨其他制造业	0.00	0.00	0.00	19	—
20	25丨石油、煤炭及其他燃料加工业	0.00	0.00	0.00	20	—
21	06丨煤炭开采和洗选业	0.00	0.00	0.00	21	—
22	36丨汽车制造业	0.00	0.00	0.00	22	—
合　计		13525.18	2704.75	100.00	—	80.00

注：表中数据均保留两位小数，合计数据因小数取舍而产生的误差，均未做机械调整。

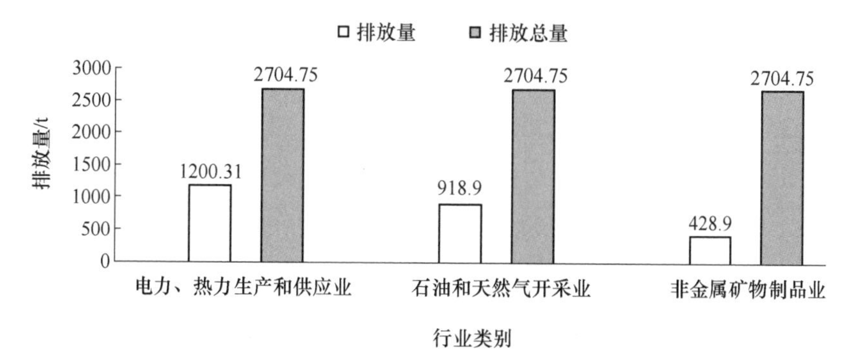

图 5-22　工业二氧化硫排放占比 80%以上的行业与排放总量对比图

5.3.2.2　氮氧化物排放量占比80%以上的行业

2017年开州区工业企业共产生氮氧化物4495.04t，排放1645.44t，通过废气治理设施处理减少氮氧化物排放量2849.60t，削减率为63.39%。

根据行业大类划分，开州区工业氮氧化物排放的主要行业（排放占比80%以上）为：非金属矿物制品业，以及电力、热力生产和供应业。

主要行业共计排放氮氧化物1606.03t，占工业排放总量的97.61%。其中，非金属矿物制品业产生氮氧化物1578.64t，排放898.18t，削减率为43.10%；电力、热力生产和供应业产生氮氧化物2876.99t，排放707.85t，削减率为75.40%。其余20个行业排放的氮氧化物相对很少，合计只占工业氮氧化物排放总量的2.39%。具体分布情况见表5-27和图5-23。

表5-27　工业氮氧化物分行业（大类）产生排放统计表

序号	工业行业类别	产生量/t	排放量/t	排放量占比/%	排放量排名	削减率/%
1	30丨非金属矿物制品业	1578.64	898.18	54.59	1	43.10
2	44丨电力、热力生产和供应业	2876.99	707.85	43.02	2	75.40
3	06丨煤炭开采和洗选业	10.45	10.45	0.64	3	0.00
4	15丨酒、饮料和精制茶制造业	8.04	8.04	0.49	4	0.00
5	20丨木材加工和木、竹、藤、棕、草制品业	7.35	7.35	0.45	5	0.00
6	13丨农副食品加工业	3.96	3.96	0.24	6	0.00
7	22丨造纸和纸制品业	2.98	2.98	0.18	7	0.00
8	39丨计算机、通信和其他电子设备制造业	1.46	1.46	0.09	8	0.00
9	18丨纺织服装、服饰业	1.37	1.37	0.08	9	0.00
10	23丨印刷和记录媒介复制业	0.91	0.91	0.06	10	0.00
11	27丨医药制造业	0.78	0.78	0.05	11	0.00
12	26丨化学原料和化学制品制造业	0.56	0.56	0.03	12	0.00
13	33丨金属制品业	0.43	0.43	0.03	13	0.00
14	19丨皮革、毛皮、羽毛及其制品和制鞋业	0.40	0.40	0.02	14	0.00
15	42丨废弃资源综合利用业	0.35	0.35	0.02	15	0.00
16	36丨汽车制造业	0.24	0.24	0.01	16	0.00

续表 5-27

序号	工业行业类别	产生量/t	排放量/t	排放量占比/%	排放量排名	削减率/%
17	14丨食品制造业	0.12	0.12	0.01	17	0.00
18	21丨家具制造业	0.00	0.00	0.00	18	—
19	29丨橡胶和塑料制品业	0.00	0.00	0.00	19	—
20	25丨石油、煤炭及其他燃料加工业	0.00	0.00	0.00	20	—
21	41丨其他制造业	0.00	0.00	0.00	21	—
22	07丨石油和天然气开采业	0.00	0.00	0.00	22	—
合　计		4495.04	1645.44	100.00	—	63.39

注：表中数据均保留两位小数，合计数据因小数取舍而产生的误差，均未做机械调整。

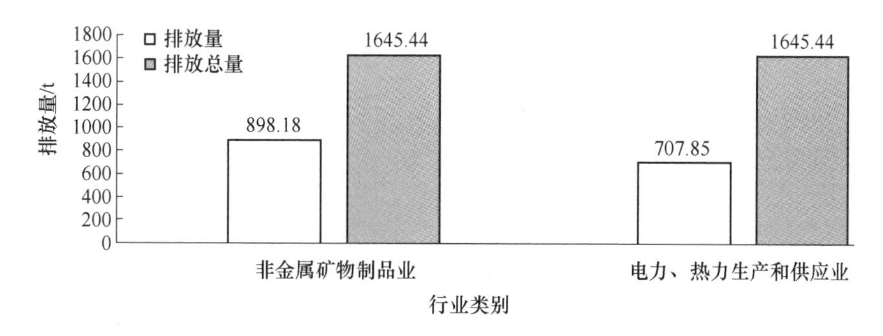

图 5-23　工业氮氧化物排放占比 80%以上的行业与排放总量对比图

5.3.2.3　颗粒物排放量占比 80%以上的行业

2017 年开州区工业企业共产生颗粒物 442138.60t，排放 5427.29t，通过废气治理设施处理减少颗粒物排放量 436711.31t，削减率为 98.77%。

根据行业大类划分，开州区工业颗粒物排放的主要行业（排放占比 80%以上）为：非金属矿物制品业，以及电力、热力生产和供应业。

主要行业共计排放颗粒物 4919.30t，占工业总排放量的 90.62%。其中，非金属矿物制品业产生颗粒物 124839.87t，排放 2910.44t，削减率为 97.67%；电力、热力生产和供应业产生颗粒物 315611.06t，排放 2008.86t，削减率为 99.36%。其余 20 个行业排放的工业颗粒物相对很少，合计只占工业颗粒物排放总量的 9.38%。具体分布情况见表 5-28 和图 5-24。

表 5-28 工业颗粒物分行业（大类）产生排放统计表

序号	工业行业类别	产生量 /t	排放量 /t	排放量占比 /%	排放量排名	削减率 /%
1	30丨非金属矿物制品业	124839.87	2910.44	53.63	1	97.67
2	44丨电力、热力生产和供应业	315611.06	2008.86	37.01	2	99.36
3	15丨酒、饮料和精制茶制造业	224.15	153.96	2.84	3	31.31
4	26丨化学原料和化学制品制造业	102.94	102.91	1.90	4	0.03
5	06丨煤炭开采和洗选业	1082.19	84.98	1.57	5	92.15
6	13丨农副食品加工业	65.89	62.51	1.15	6	5.13
7	20丨木材加工和木、竹、藤、棕、草制品业	119.32	51.96	0.96	7	56.45
8	19丨皮革、毛皮、羽毛及其制品和制鞋业	30.77	30.77	0.57	8	0.00
9	22丨造纸和纸制品业	41.68	12.05	0.22	9	71.09
10	23丨印刷和记录媒介复制业	12.07	3.58	0.07	10	70.34
11	39丨计算机、通信和其他电子设备制造业	1.75	1.75	0.03	11	0.00
12	21丨家具制造业	1.56	1.56	0.03	12	0.00
13	42丨废弃资源综合利用业	4.80	1.41	0.03	13	70.63
14	27丨医药制造业	0.54	0.54	0.01	14	0.00
15	36丨汽车制造业	0.01	0.01	0.00	15	0.00
16	25丨石油、煤炭及其他燃料加工业	0.00	0.00	0.00	16	—
17	29丨橡胶和塑料制品业	0.00	0.00	0.00	17	—
18	18丨纺织服装、服饰业	0.00	0.00	0.00	18	—
19	41丨其他制造业	0.00	0.00	0.00	19	—
20	07丨石油和天然气开采业	0.00	0.00	0.00	20	—
21	33丨金属制品业	0.00	0.00	0.00	21	—
22	14丨食品制造业	0.00	0.00	0.00	22	——
合计		442138.60	5427.29	100.00	—	98.77

注：表中数据均保留两位小数，合计数据因小数取舍而产生的误差，均未做机械调整。

5.3.2.4 挥发性有机物排放量占比80%以上的行业

2017年开州区工业企业共产生挥发性有机物179.21t，排放178.06t，通过废气治理设施处理减少挥发性有机物排放量1.15t，削减率为0.64%。

根据行业大类划分，开州区工业挥发性有机物排放的主要行业（排放占

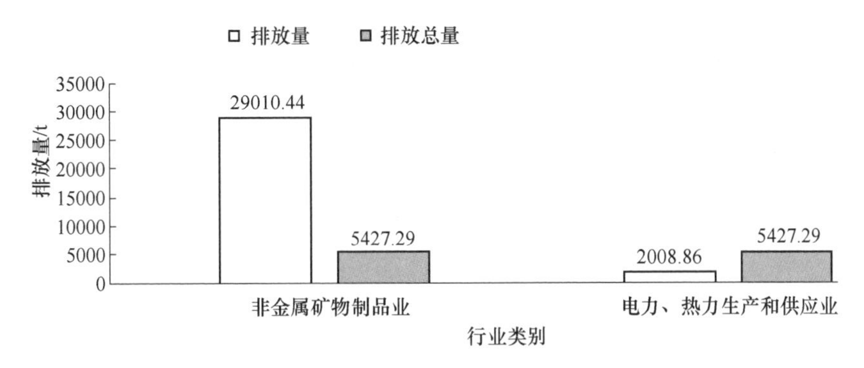

图 5-24 工业颗粒物排放占比 80%以上的行业与排放总量对比图

比 80%以上）为：皮革、毛皮、羽毛及其制品和制鞋业，木材加工和木、竹、藤、棕、草制品业，非金属矿物制品业，计算机、通信和其他电子设备制造业。

主要行业共计排放挥发性有机物 148.07t，占工业排放总量的 83.16%。其中，皮革、毛皮、羽毛及其制品和制鞋业产生挥发性有机物 62.73t，排放 62.73t，未削减；木材加工和木、竹、藤、棕、草制品业产生挥发性有机物 39.24t，排放 39.24t，未削减；非金属矿物制品业产生挥发性有机物 34.77t，排放 34.7t，未削减；计算机、通信和其他电子设备制造业产生挥发性有机物 11.33 t，排放 11.33t，未削减。其余 18 个行业排放的工业挥发性有机物相对较少，合计只占工业挥发性有机物排放总量的 16.84%。具体分布情况见表 5-29 和图 5-25。

表 5-29 工业挥发性有机物分行业（大类）产生排放统计表

序号	工业行业类别	产生量/t	排放量/t	排放量占比/%	排放量排名	削减率/%
1	19丨皮革、毛皮、羽毛及其制品和制鞋业	62.73	62.73	35.23	1	0.00
2	20丨木材加工和木、竹、藤、棕、草制品业	39.24	39.24	22.04	2	0.00
3	30丨非金属矿物制品业	34.77	34.77	19.53	3	0.00
4	39丨计算机、通信和其他电子设备制造业	11.33	11.33	6.36	4	0.00
5	44丨电力、热力生产和供应业	10.10	10.10	5.67	5	0.00

续表 5-29

序号	工业行业类别	产生量 /t	排放量 /t	排放量占比 /%	排放量排名	削减率 /%
6	23丨印刷和记录媒介复制业	7.48	7.07	3.97	6	5.48
7	27丨医药制造业	3.14	3.14	1.76	7	0.00
8	41丨其他制造业	2.96	2.64	1.48	8	10.81
9	21丨家具制造业	1.70	1.70	0.95	9	0.00
10	29丨橡胶和塑料制品业	1.49	1.49	0.84	10	0.00
11	26丨化学原料和化学制品制造业	1.74	1.33	0.75	11	23.56
12	06丨煤炭开采和洗选业	0.74	0.74	0.42	12	0.00
13	42丨废弃资源综合利用业	0.73	0.73	0.41	13	0.00
14	13丨农副食品加工业	0.66	0.66	0.37	14	0.00
15	33丨金属制品业	0.16	0.16	0.09	15	0.00
16	18丨纺织服装、服饰业	0.14	0.14	0.08	16	0.00
17	15丨酒、饮料和精制茶制造业	0.06	0.06	0.03	17	0.00
18	14丨食品制造业	0.02	0.02	0.01	18	0.00
19	36丨汽车制造业	0.02	0.02	0.01	19	0.00
20	22丨造纸和纸制品业	0.01	0.01	0.01	20	0.00
21	25丨石油、煤炭及其他燃料加工业	0.00	0.00	0.00	21	—
22	07丨石油和天然气开采业	0.00	0.00	0.00	22	—
合计		179.21	178.06	100.00	—	0.64

注：表中数据均保留两位小数，合计数据因小数取舍而产生的误差，均未做机械调整。

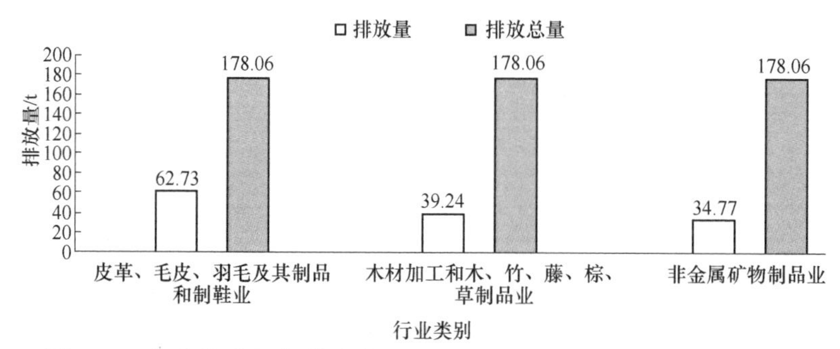

图 5-25 挥发性有机物排放占比 80%以上的行业与排放总量对比图

5.3.3 重点地区工业废气污染物排放量

根据废气和污染物的排放量按照乡镇街道分布统计分析，开州区 40 个乡镇街道均有工业废气排放。各乡镇街道工业废气及污染物排放情况见表5-30。

表5-30 工业废气及污染物排放统计表（按乡镇街道分）

序号	乡镇名称	废气排放量/m^3	二氧化硫排放量/t	氮氧化物排放量/t	颗粒物排放量/t	挥发性有机物排放量/t
1	白鹤街道办事处	1036279.6900×10^4	1396.20	950.99	4208.37	99.5911
2	温泉镇	797313.3908×10^4	166.07	465.56	410.25	29.6472
3	铁桥镇	242213.5223×10^4	10.69	64.19	138.89	0.2705
4	渠口镇	152894.2520×10^4	20.80	24.03	41.18	0.2484
5	丰乐街道办事处	94842.0844×10^4	2.87	7.12	63.12	0.2583
6	镇安镇	61870.2322×10^4	50.20	32.87	19.40	4.3594
7	文峰街道办事处	27152.2306×10^4	18.55	10.71	0.78	0.7207
8	长沙镇	17456.6046×10^4	8.01	9.05	190.48	2.2071
9	竹溪镇	17249.1269×10^4	5.68	10.82	3.44	0.3782
10	赵家街道办事处	14076.8210×10^4	55.32	10.47	55.25	15.3682
11	岳溪镇	13625.5905×10^4	5.68	8.52	4.76	2.2252
12	临江镇	12328.0703×10^4	2.89	7.82	23.12	2.2410
13	大进镇	11652.3354×10^4	4.75	7.93	10.11	0.2804
14	高桥镇	9161.9471×10^4	920.69	1.93	28.20	0.0618
15	郭家镇	8124.2060×10^4	4.34	5.77	34.57	5.6854
16	义和镇	7778.0488×10^4	6.99	4.21	0.38	0.0619
17	谭家镇	6236.0344×10^4	0.49	0.13	8.42	0.0010
18	大德镇	5538.0781×10^4	3.09	3.86	1.85	0.1494
19	巫山镇	4407.8038×10^4	1.77	2.99	0.53	0.0635
20	九龙山镇	2892.8110×10^4	2.04	1.36	2.84	0.0480
21	敦好镇	896.5419×10^4	1.53	0.78	20.65	0.0250
22	三汇口乡	652.2503×10^4	0.38	10.55	48.76	0.7410
23	南门镇	624.8774×10^4	7.35	1.55	10.68	0.0018
24	汉丰街道办事处	415.7580×10^4	0.01	0.00	5.55	3.6680
25	和谦镇	388.1692×10^4	0.65	0.16	8.74	7.5536
26	白泉乡	317.7087×10^4	0.72	0.18	4.15	0.0015
27	中和镇	204.3123×10^4	0.24	0.06	0.94	0.0071
28	紫水乡	196.3574×10^4	2.59	0.80	38.57	0.0040

续表 5-30

序号	乡镇名称	废气排放量/m^3	二氧化硫排放量/t	氮氧化物排放量/t	颗粒物排放量/t	挥发性有机物排放量/t
29	镇东街道办事处	166.6725×10^4	0.27	0.05	3.69	0.0007
30	满月乡	109.4755×10^4	0.22	0.06	2.63	0.0087
31	麻柳乡	94.5161×10^4	1.14	0.32	12.00	0.0020
32	云枫街道办事处	65.2314×10^4	0.04	0.00	0.00	2.1798
33	厚坝镇	59.4268×10^4	0.56	0.12	1.18	0.0002
34	关面乡	41.8462×10^4	0.55	0.14	5.40	0.0012
35	河堰镇	35.6246×10^4	0.38	0.10	3.03	0.0008
36	五通乡	22.6380×10^4	0.26	0.06	0.85	0.0006
37	金峰镇	17.3349×10^4	0.20	0.05	0.29	0.0001
38	南雅镇	15.5460×10^4	0.17	0.04	0.56	0.0004
39	白桥镇	13.1758×10^4	0.17	0.04	1.24	0.0003
40	天和镇	12.8911×10^4	0.17	0.05	12.45	0.0003
合计		2547443.2342×10^4	2704.75	1645.44	5427.29	178.0600

注：废气排放量为实际调查值。为体现乡镇街道差别，挥发性有机物排放量保留四位小数，其余污染物的排放量保留两位小数。合计排放量为保证报告前后一致保留两位小数。合计数据因小数取舍而产生的误差，均未做机械调整。

白鹤街道办事处辖区内有火力发电企业国家电投集团重庆白鹤电力有限公司，该企业建设两台30万千瓦的发电机组，2017年消耗煤炭855930t，产生大量废气及污染物。企业锅炉安装废气治理设施6套，其中脱硫设施两套，脱硫工艺为石灰/石膏法；脱硝设施两套，脱硝工艺为选择性催化还原法（SCR）；除尘设施两套，除尘工艺为静电除尘，废气治理设施的运行减少了大部分二氧化硫、氮氧化物和颗粒物的排放。

温泉镇辖区内有开州区唯一的水泥生产企业开县开州水泥有限公司，该企业2017年生产水泥1252700t，生产熟料721900t，消耗煤炭100640t，产生废气及污染物较多。企业为水泥窑安装有脱硝和除尘设施，脱硝工艺为选择性非催化还原法（SNCR），除尘工艺为袋式除尘，另外对一般排放口也安装多套袋式除尘设备，减少了大部分氮氧化物和颗粒物的排放。

铁桥镇辖区内有一家建筑用石加工企业“开县五福采石场”，一家日用陶瓷制品制造企业“重庆市开州区金来陶瓷有限公司”和一家黏土砖瓦及建筑砌块制造企业重庆市开州区顺意页岩砖厂。其中，开县五福采石场在生产中只产生较多的颗粒物；重庆市开州区金来陶瓷有限公司使用清洁能源天然气；重庆市开州区顺意页岩砖厂安装了脱硫和除尘设施，所以铁桥镇的工业企业只是废气排放量较大，而废气污染物排放并不多。

高桥镇辖区有1家内陆地天然气开采企业优尼科东海有限公司开县分公司，该企业2017年开采天然气219046×10^4m^3，产生和排放二氧化硫918.90t，无其他废气污染物产排。

赵家街道办事处是开州区工业园区的主要集聚地，分布了较多的工业企业。园区的工业企业虽然以轻加工为主，重污染企业很少，但是部分企业生产中使用挥发性有机原辅材料相对较多，所以该乡镇街道只是在挥发性有机物排放占比较高。

5.4 工业固体废物产生和处理情况

5.4.1 一般工业固体废物情况

5.4.1.1 一般工业固体废物产生与处理利用情况

2017年开州区工业污染源产生一般工业固体废物的企业692家，占工业普查总数的70.25%。

汇总统计普查数据，全区一般工业固体废物的产生量152028.65t；一般工业固体废物的综合利用量76947.20t，其中自行综合利用量1574.23t，一般工业固体废物的处置量28416.31t，一般工业固体废物的年末贮存量46654.30t，一般工业固体废物的倾倒丢弃量10.84t。一般工业固体废物处理方式如图5-26所示。

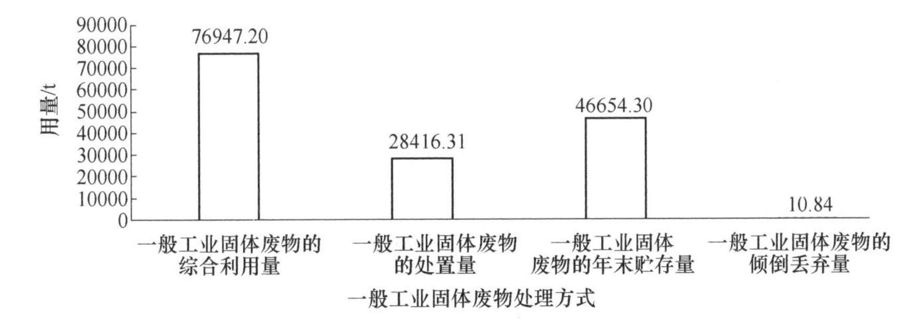

图5-26 一般工业固体废物处理方式比例图

经计算，开州区2017年一般工业固体废物的综合利用率为50.61%，一般工业固体废物处置率为18.69%，一般工业固体废物贮存率为30.69%，一般工业固体废物的丢弃率为0.01%。

数据计算结果表明，开州区2017年一般工业固体废物的处置利用率不高，只有69.30%，主要原因是国家电投集团重庆白鹤电力有限公司建设有自己的渣场（马家沟堆场），经过国家环评及验收，允许其一般工业固体废物永久性堆存，而开州区的一般工业固体废物的丢弃率只有0.01%，总体来说一般工业固体废物的管理符合规定和要求。

根据一般工业固体废物产生量按照各乡镇街道排名：白鹤街道办事处一般工业固体废物产生量居全区首位，2017年产生一般工业固体废物93573.14t，占全区产生总量的61.55%，主要是辖区企业国家电投集团重庆白鹤电力有限公司产生一般工业固体废物92251t；渠口镇一般工业固体废物产生量居全区第二，2017年产生一般工业固体废物28569.03t，占全区产生总量的18.79%，主要是辖区企业重庆绿能新能源有限公司产生一般工业固体废物28397t；天和镇一般工业固体废物产生量居全区第三，2017年产生一般工业固体废物16915.14t，占全区产生总量的11.13%，主要是辖区企业重庆市中源煤业集团笔山煤矿有限公司产生16908t；三汇口乡一般工业固体废物产生量居全区第四，2017年产生一般工业固体废物3010.78t，占全区产生总量的1.98%，主要是辖区企业开县金山煤业有限公司产生3000t；敦好镇一般工业固体废物产生量居全区第五，2017年产生一般工业固体废物2986.77t，占全区产生总量的1.96%，主要是辖区企业重庆市中源煤业集团双岔河煤矿有限公司产生一般工业固体废物2898t；高桥镇一般工业固体废物产生量居全区第六，2017年产生一般工业固体废物2382.25t，占全区产生总量的1.57%，主要是辖区企业重庆市中源煤业集团高升煤矿有限公司产生2340t。

以上6个乡镇街道2017年一般工业固体废物共产生147437.11t，占全区一般工业固体废物产生总量的96.98%。其余34个乡镇街道产生的一般工业固体废物很少，占全区一般工业固体废物产生总量的不到4%。由此也分析得出开州区一般工业固体废物产生的主要行业为“44电力、热力生产和供应业”和“06煤炭开采和洗选业”，具体分布情况见表5-31。

表5-31 开州区乡镇街道一般工业固体废物产生利用情况表 (t)

序号	乡（镇）	一般工业固体废物产生量	一般工业固体废物综合利用量	一般工业固体废物处置量	一般工业固体废物贮存量	一般工业固体废物倾倒丢弃量
1	白鹤街道办事处	93573.14	59366.14	0	34207	0
2	渠口镇	28569.03	169.02	28397	0	3.01
3	天和镇	16915.14	4474.64	0	12440	0.5
4	三汇口乡	3010.78	3010.18	0	0	0.6
5	敦好镇	2986.77	2986.77	0	0	0
6	高桥镇	2382.25	2382.25	0	0	0
7	赵家街道办事处	1263.01	1261.41	1.6	0	0
8	郭家镇	423.41	408.9	14.51	0	0
9	南门镇	381.44	381.44	0	0	0
10	岳溪镇	362.2	362.2	0	0	0
11	临江镇	195.5	195.4	0	0.1	0
12	铁桥镇	194.51	191.31	3.2	0	0
13	丰乐街道办事处	177.06	176.72	0	0	0.34
14	长沙镇	170.51	170.51	0	0	0
15	温泉镇	132.5	131.5	0	0	1
16	白泉乡	122.55	122.55	0	0	0
17	大进镇	93.95	93.95	0	0	0
18	白桥镇	87	87	0	0	0
19	文峰街道办事处	82.96	79.47	0	0	3.49
20	麻柳乡	76.8	76.8	0	0	0
21	谭家镇	72.9	72.9	0	0	0
22	九龙山镇	68.98	67.08	0	0	1.9
23	大德镇	65.81	65.81	0	0	0
24	紫水乡	63.8	63.8	0	0	0
25	义和镇	63.49	63.49	0	0	0
26	竹溪镇	62.4	62.4	0	0	0
27	南雅镇	61.64	61.64	0	0	0
28	镇安镇	60.27	59.87	0	0.4	0
29	镇东街道办事处	41.56	41.56	0	0	0
30	关面乡	39	32.2	0	6.8	0

续表 5-31

序号	乡（镇）	一般工业固体废物产生量	一般工业固体废物综合利用量	一般工业固体废物处置量	一般工业固体废物贮存量	一般工业固体废物倾倒丢弃量
31	巫山镇	38.23	38.23	0	0	0
32	满月乡	35.58	35.58	0	0	0
33	和谦镇	28.2	28.2	0	0	0
34	厚坝镇	21.4	21.4	0	0	0
35	汉丰街道办事处	20.46	20.46	0	0	0
36	云枫街道办事处	20.42	20.42	0	0	0
37	河堰镇	19.6	19.6	0	0	0
38	中和镇	17.3	17.3	0	0	0
39	金峰镇	15.18	15.18	0	0	0
40	五通乡	11.92	11.92	0	0	0
合　计		152028.65	76947.2	28416.31	46654.3	10.84

注：表中数据为实际调查汇总，未对小数进行取舍。

5.4.1.2 一般工业固体废物类别及其处理利用情况

开州区产生的一般工业固体废物主要有粉煤灰、炉渣、煤矸石、脱硫石膏、污泥和其他废物，其中50.61%进行了综合利用，即用作铺路、砖瓦生产原料、建材生产原材料、水泥生产原材料、农肥、饲料等。丢弃量很小，只有总量的0.01%，主要是一些乡镇、村级微型作坊式酒厂的粉煤灰或炉渣，微型石材切割门市和木材加工企业的废料等就地排放。

全区有191家企业产生了粉煤灰，产生量为58350.75t，占一般工业固体废物产生总量的38.38%，其中综合利用了24132.34t、处置了5.1t、贮存了34209.7t、丢弃了3.61t。粉煤灰处置利用率为41.37%，丢弃率为0.01%。

全区有135家企业产生了炉渣，产生量为28738.2t，占一般工业固体废物产生总量的18.9%，其中综合利用了326.4t、处置了28404.6t、贮存了4.1t、丢弃了3.1t。炉渣处置利用率为99.97%，丢弃率为0.01%。

全区有3家企业产生了煤矸石，产生量为22146t，占一般工业固体废物产生总量的14.57%，其中综合利用了9706t、贮存了12440t、无处置和丢弃。煤矸石处置利用率为43.83%，丢弃率为0%。

全区有1家企业产生了脱硫石膏，产生量为34564t，占一般工业固体废物产生总量的22.74%，所有脱硫石膏都进行了综合利用，处置利用率为100%。

全区有4家企业产生了污泥，产生量为14.81t，占一般工业固体废物产生总量的0.01%，其中综合利用了12t，有2.81t进行了处置，无贮存和丢弃。污泥处置利用率为100%。

全区有678家企业产生了其他废物，产生量为8214.89t，占一般工业固体废物产生总量的5.4%，其中综合利用了8206.46t、处置了3.8t、贮存了0.5t、丢弃了4.13t。其他废物处置利用率为99.94%，丢弃率为0.05%。具体情况见表5-32和图5-27。

表5-32 一般工业固体废物类别及其处理利用情况表 (t)

序号	一般工业固体废物类别	一般工业固体废物产生量	一般工业固体废物综合利用量	一般工业固体废物处置量	一般工业固体废物贮存量	一般工业固体废物倾倒丢弃量
1	SW02丨粉煤灰	58350.75	24132.34	5.1	34209.7	3.61
2	SW03丨炉渣	28738.2	326.4	28404.6	4.1	3.1
3	SW04丨煤矸石	22146	9706	0	12440	0
4	SW06丨脱硫石膏	34564	34564	0	0	0
5	SW07丨污泥	14.81	12	2.81	0	0
6	SW99丨其他废物	8214.89	8206.46	3.8	0.5	4.13
合计		152028.65	76947.2	28416.31	46654.3	10.84

注：表中数据均为实际调查汇总，未对小数进行取舍。

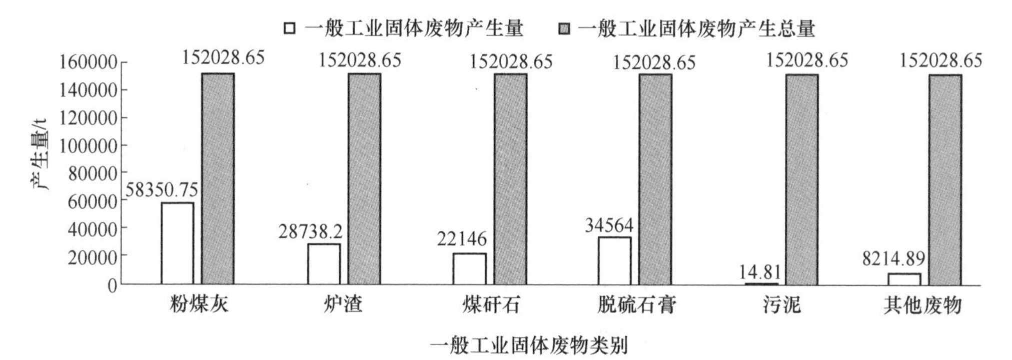

图5-27 一般工业固体废物类别产生量与产生总量对比图

5.4.2 危险废物情况

汇总统计普查数据，2017 年开州区工业污染源产生危险废物共 3408.8776t，上年末贮存量 3.66t。其中本年送持证单位处置 27.1376t，本年末实际贮存量 3385.4t，不存在倾倒丢弃现象。2017 年开州区接收外来工业源危险废物 2160t，全部进行了综合利用。

开州区涉及危险废物的工业企业 10 家，其中产生单位 9 家，处置单位 1 家。9 家产生单位产生危险废物共 7 类：HW08 废矿物油与含矿物油废物产生 18.0292t，上年末贮存量 1.9t，其中本年送持证单位处置 18.5292t，年末贮存量 1.4t；HW12 染料、涂料废物产生 1.4967t，全部送持证单位处置，年末无贮存量；HW13 有机树脂类废物产生 0.87t，上年末贮存量 1.76t，其中本年送持证单位处置 2.63t，年末无贮存量；HW16 感光材料废物产生 2.2t，全部送持证单位处置，年末无贮存量；HW18 焚烧处置残渣产生 3384t，全部贮存；HW35 废碱产生 0.0322t，无上年末贮存量，全部送持证单位处置，年末无贮存量；HW49 其他废物产生 2.2495t，无上年末贮存量，全部送持证单位处置，年末无贮存量。

1 家危险废物处置单位为重庆市开州区双兴再生能源有限公司，2017 年接收外来危险废物 HW08 废矿物油与含矿物油废物 2160t，全部进行了综合利用，利用方式为废矿物油经提炼生产再生可利用柴油，具体情况见表 5-33。

根据普查数据计算，开州区 2017 年工业危险废物送资质单位处置率只有 0.80%，其明显较低。其主要原因是“重庆绿能新能源有限公司”2017 年才建成并投入运行，该企业属于生活垃圾焚烧发电行业，年产生危险废物（飞灰）数量较大，全年产生 3384t，占全区工业危险废物产生总量的 99.27%。由于当年未找到合适的处置单位处置，企业对危险废物（飞灰）临时贮存并向区生态环境局管理科室进行了备案，区生态环境局按规定允许其贮存但不能超过一年。而开州区的工业危险废物未倾倒丢弃，所以其管理仍然符合国家的相关规定和要求。

表 5-33　开州区 2017 年工业危险废物产生及处置利用情况表

(t)

序号	单位类型	危险废物名称	危险废物代码	上年末本单位实际贮存量	危险废物产生量	送持证单位量	接收外来危险废物量	自行综合利用量	本年末本单位实际贮存量
1	危废产生单位	HW13 有机树脂类废物	900-014-13	1.76	0.87	2.63	0	0	0
		HW08 废矿物油与含矿物油废物	900-249-08	1.9	1.6	3.5	0	0	0
2	危废产生单位	HW18 焚烧处置残渣	772-002-18	0	3384	0	0	0	3384
3	危废产生单位	HW49 其他废物	900-041-49	0	1.107	1.107	0	0	0
		HW12 染料、涂料废物	900-252-12	0	1.443	1.443	0	0	0
4	危废产生单位	HW08 废矿物油与含矿物油废物	900-249-08	0	15	15	0	0	0
5	危废产生单位	HW49 其他废物	900-041-49	0	0.48	0.48	0	0	0
		HW12 染料、涂料废物	900-252-12	0	0.02	0.02	0	0	0
6	危废产生单位	HW08 废矿物油与含矿物油废物	900-210-08	0	0.015	0.015	0	0	0
7	危废产生单位	HW49 其他废物	900-041-49	0	0.1	0.1	0	0	0
		HW49 其他废物	900-999-49	0	0.1	0.1	0	0	0
		HW12 染料、涂料废物	900-251-12	0	0.1	0.1	0	0	0
		HW08 废矿物油与含矿物油废物	900-249-08	0	0.1	0.1	0	0	0

续表 5-33

序号	单位类型	危险废物名称	危险废物代码	上年末本单位实际贮存量	危险废物产生量	送持证单位量	接收外来危险废物量	自行综合利用量	本年末本单位实际贮存量
7	危废产生单位	HW03 废药物、药品	900-002-03	0	0. 3	0. 3	0	0	0
		HW49 其他废物	900-039-49	0	0. 6	0. 6	0	0	0
		HW35 废碱	900-399-35	0	0. 1	0. 1	0	0	0
8	危废产生单位	HW16 感光材料废物	231-002-16	0	2. 2	2. 2	0	0	0
		HW49 其他废物	900-041-49	0	0. 3	0. 3	0	0	0
9	危废产生单位	HW08 废矿物油与含矿物油废物	900-214-08	0	1. 4	0	0	0	1. 4
10	危废产生单位	HW49 其他废物	900-041-49	0	0. 132	0. 132	0	0	0
		HW08 废矿物油与含矿物油废物	900-249-08	0	0. 008	0. 008	0	0	0
11	危废处置单位	HW08 废矿物油与含矿物油废物	900-249-08	0	0	0	2160	2160	0
		HW11 精(蒸)馏残渣	772-001-11	0	0	0. 378	0. 378	0	0
合计				3. 66	3409. 975	28. 613	2160. 378	2160	3385. 4

注：表中数据为实际调查汇总，未对小数进行取舍。

5.5 突发环境事件风险情况

2017年开州区存在突发环境风险情况的工业企业有17家，按照企业环境风险等级划分，其中重大风险的企业1家，较大风险的企业4家，一般风险的企业12家。

17家工业企业共涉及8种突发环境事件风险物质，当年突发环境事件风险物质存在量合计3084.97t。其中，油类物质（矿物油类，如石油、汽油、柴油等；生物柴油等）存在量最多，为3021.5t，占全区风险物质存在量的97.94%；乙醇存在量24t，占全区风险物质存在量的0.78%；盐酸（浓度37%或更高）存在量14.2t，占全区风险物质存在量的0.46%；次氯酸钠存在量13.22t，占全区风险物质存在量的0.43%；硫酸存在量6.1t，占全区风险物质存在量的0.20%；丙酮存在量4t，占全区风险物质存在量的0.13%；甲烷存在量1.7t，占全区风险物质存在量的0.06%；乙炔存在量0.25t，占全区风险物质存在量的0.01%。具体情况见表5-34和图5-28。

表5-34 开州区2017年工业突发环境事件风险物质情况表

序号	突发环境事件风险物质名称	突发环境事件风险物质存在量/t
1	油类物质（矿物油类，如石油、汽油、柴油等；生物柴油等）	3021.5
2	乙醇	24
3	盐酸（浓度37%或更高）	14.2
4	次氯酸钠	13.22
5	硫酸	6.1
6	丙酮	4
7	甲烷	1.7
8	乙炔	0.25
合计		3084.97

注：表中数据为实际调查汇总，未对小数进行取舍。

据调查得知，开州区所有存在突发环境风险情况的企业，均根据自身的实际情况编制了相应的《突发环境事件应急预案》，并向所在地环境行政保护主管部门进行了备案。

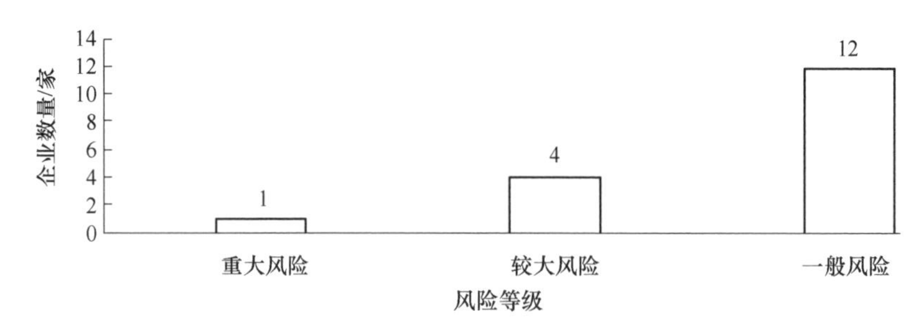

图 5-28　2017 年开州区工业环境风险等级分布图

对于存在突发环境风险的企业，不仅要加强日常环境监测和监管，更重要的是企业应做好内部的管理工作，特别是坚持“安全第一，预防为主”的原则。开州区所有存在突发环境风险情况的企业均建设了相应的设施，采取了相应的措施，以防止突发环境风险事件的发生或减轻突发环境风险事件发生后的环境污染。

5.6　工业园区环境管理普查结果及分析

开州区行政区域内规划并建设工业园区 1 个，为重庆开州工业园区。区普查办已按要求进行普查并填报了相应表格。重庆开州工业园区是重庆市人民政府 2003 年 7 月批准的省级工业园区，主要分布在赵家街道办事处、白鹤街道办事处和云枫街道办事处，占地 874.6 公顷，其管理机构重庆开州浦里工业新区管理委员会位于赵家街道办事处。

重庆开州工业园区为其他类型开发区，2017 年注册工业企业数量 79 家，实际生产的企业 57 家，以轻工业为主。园区的主导行业为：电子元件及电子专用材料制造产值占比 18.3%；机织服装制造产值占比 10.1%；焙烤食品制造产值占比 5.6%。

该工业园区实行了雨污分流，建设了生活、工业污水集中处理厂和配套的污水管网。赵家街道办事处的生活、工业污水排入重庆市开州区联建污水处理有限公司进行处理；白鹤街道办事处的生活、工业污水排入重庆市开州区白鹤街道污水处理厂处理；云枫街道办事处的生活、工业污水排入重庆市开州区排水有限公司处理。园区无危险废物处置厂和集中供热设施。

重庆开州浦里工业新区管理委员会对园区企业进行了“一企一档”管

理，编制了园区应急预案和开发了污染源信息公开平台；建设有水环境自动监测站点，可监测化学需氧量、氨氮和总磷指标。

5.7 工业污染源普查与一污普对比

5.7.1 普查数量、产值和行业对比情况

一二污普工业污染源普查数量大致持平，二污普普查工业企业985家，比一污普减少26家，相比降低2.57%。按照行业分类，二污普“B类采矿业”普查67家，比一污普减少127家，主要减少了煤矿开采企业，增加了河道采砂企业；二污普“C类制造业”普查806家，比一污普增加66家，主要增加的是白酒制造企业；二污普“D类电力、热力、燃气及水生产和供应业”普查112家，比一污普增加35家，主要增加的是水力发电和自来水生产企业，如图5-29所示。

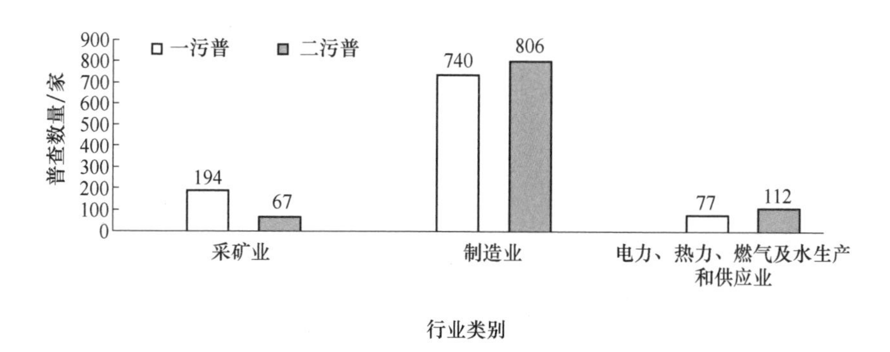

图5-29 一二污普工业企业普查数量分类对比图

汇总普查数据，二污普985家工业2017年生产总值为79.976535亿元，比一污普1011家企业工业总产值（42.304732亿元）增加37.671803亿元，相比上升89.05%。

虽然二污普工业企业普查数量对比一污普有下降，主要是开州区坚决执行环保相关政策，关闭了很多中小型煤矿，淘汰了水泥、造纸等落后产能企业，但是二污普工业总产值对比一污普将近翻了一倍。这说明了开州区不仅工业企业在快速发展，同时也在逐步转型。

5.7.2　废水及废水污染物对比情况

工业废水量：二污普工业污染源排放工业废水 151.04×$10^4$$m^3$，比一污普（291.61×$10^4$$m^3$）减少 140.57×$10^4$$m^3$，相比降低 48.20%；直接排入环境的工业废水 127.33×$10^4$$m^3$，比一污普（285.05×$10^4$$m^3$）减少 157.72×$10^4$$m^3$，相比降低 55.33%。

废水污染物：二污普工业企业共排放化学需氧量 99.80t，比一污普（1517.96t）减少 1418.16t，相比降低 93.43%；排放氨氮 4.04t，比一污普（26.41t）减少 22.37t，相比降低 84.70%；排放石油类 0.07t，比一污普（5.40t）减少 5.33t，相比降低 98.70%；排放挥发酚 0.063kg，比一污普（900kg）减少 899.937t，相比降低 99.99%；排放氰化物 0.014kg，比一污普（19.71kg）减少 19.696kg，相比降低 99.93%；排放重金属（铅、汞、镉、铬和类金属砷）1.367kg，比一污普（0.1kg）增加 1.267kg。总氮总磷一污普不是调查核算指标，不做对比。具体情况见表 5-35 和图 5-30。

表 5-35　一二污普工业废水及污染物排放对比情况表

污染物名称	二污普排放量	一污普排放量	同比降低/%
工业废水	151.04×$10^4$$m^3$	291.61×$10^4$$m^3$	-48.20
化学需氧量	99.80t	1517.96t	-93.43
氨氮	4.04t	26.41t	-84.70
石油类	0.07t	5.40t	-98.70
挥发酚	0.063kg	900.000kg	-99.99
氰化物	0.014kg	19.710kg	-99.93
重金属（铅、汞、镉、铬和类金属砷）	1.367kg	0.100kg	1267.00

注：1. 一污普废水及污染物排放量来源于《重庆市开县第一次全国污染源普查技术报告》，未做小数调整；

2. 二污普排放量单位为“t”的数据保留两位小数，单位为“kg”的保留三位小数；

3. 总氮、总磷一污普未统计核算，所以不做对比。

由表 5-35 和图 5-30 可知，对比工业废水及废水污染物的排放量，二污普比一污普都明显地降低。二污普工业废水排放量比一污普降低了近 50%，直接排入环境的工业废水量比一污普降低了 55%以上，废水污染物排放量除

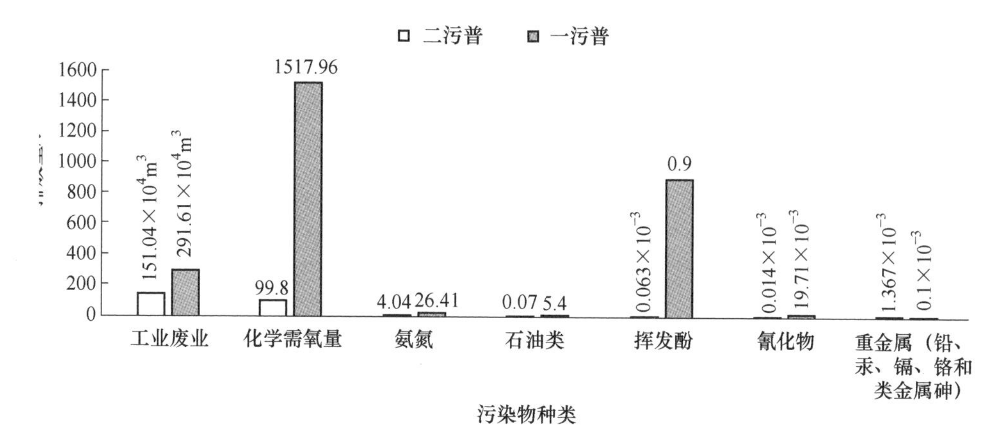

图 5-30 一二污普废水及污染物排放对比图

重金属（铅、汞、镉、铬和类金属砷）外，其余各项废水污染物排放量均比一污普减少 80%以上。说明了开州区加强了工业废水的处理，对工业废水企业进行了有效管理，工业废水及污染物排放得到明显的控制，其原因如下：

（1）近年来开州区为优化煤炭产业结构，确保煤矿安全生产，坚决落实去产能，关闭了大量的中小型煤矿，减少了采矿企业的废水及污染物排放；

（2）开州区坚持以改善环境质量为核心，将总量减排作为改善环境质量的重要手段，积极推进减排工作，淘汰了小纸厂、纺织等落后产能企业，这些企业排放废水量大、排放废水污染物浓度高；

（3）企业环保意识逐渐提高，严格遵守了环境保护的法律法规，自身建设或完善了配套的污水处理设施，保证废水处理后达标排放；

（4）政府牵头组织，各乡镇街道修建了集中污水处理厂，提高了工业废水的收集率和处理率，减少了工业废水污染物的排放量。

5.7.3 废气及废气污染物对比情况

工业废气量：二污普工业污染源排放工业废气 254.74 亿立方米，比一污普（283.91 亿立方米）减少 29.17 亿立方米，相比降低 10.27%；全区普查工业锅炉 198 台，比一污普（78 台）增加 120 台，相比升高 153.85%；全区普查工业窑炉 38 座，比一污普（120 座）减少 82 座，相比降低 68.33%。

废气污染物：二污普工业企业共排放二氧化硫 2704.75t，比一污普

(25093.67t) 减少 22388.92t，相比降低 89.22%；排放氮氧化物 1645.44t，比一污普（10117.88t）减少 8472.44t，相比降低 83.74%；排放颗粒物 5427.29t，比一污普（17721.15t）减少 12293.86t，相比降低 69.37%；挥发性有机物一污普不是调查核算指标，不做对比。具体情况见表 5-36 和图 5-31。

表 5-36　一二污普工业废气及污染物排放对比情况表

污染物名称	二污普排放量/t	一污普排放量/t	同比降低/%
工业废气	254.74 亿立方米	283.91 亿立方米	-10.27
二氧化硫	2704.75	25093.67	-89.22
氮氧化物	1645.44	10117.88	-83.74
颗粒物	5427.29	17721.15	-69.37

注：1. 表中所有数据均保留两位小数；
2. 一污普废气及污染物排放量来源于《重庆市开县第一次全国污染源普查技术报告》；
3. 挥发性有机物一污普不是调查指标，所以不做对比；
4. 一污普颗粒物排放量为烟尘、粉尘的总和。

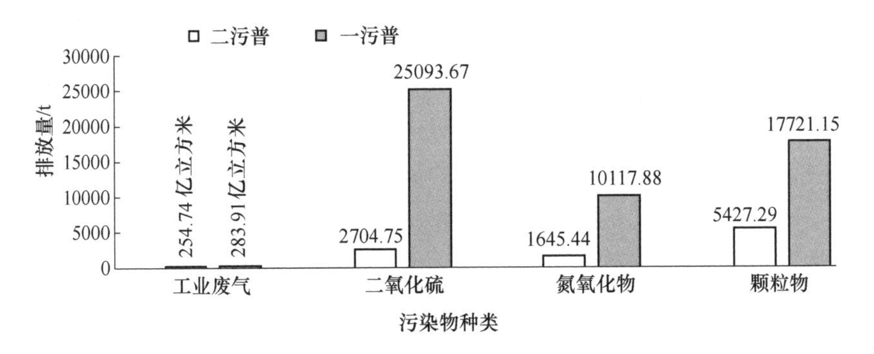

图 5-31　一二污普废气及污染物排放对比图

由表 5-36 和图 5-31 可知，对比工业废气及废气污染物的排放量，二污普与一污普的工业废气排放量接近，其原因如下：

（1）开州区废气排放的重点企业火力发电和水泥制造产生的工业废气量占有相当高的比例；

（2）二污普增加了较多的酒厂锅炉，减少了大部分窑炉；

（3）二污普纳入并核算了很多只产生颗粒物的企业，如水泥制品制造、木材加工等。

二污普与一污普工业废气污染物排放量相比，降低幅度较大，各项污染物排放量对比一污普均降低60%以上，其原因如下：

（1）近年来开州区淘汰落后产能，实施总量减排，关闭了大部分的造纸和水泥行业，工业燃煤的消耗量降低，减少了废气及污染物的排放；

（2）坚决执行环保政策，关闭了大量中小型煤矿、砖厂、炼焦厂等企业，这些企业的锅炉窑炉排放废气及废气污染物较多；

（3）要求重点企业安装废气污染治理设施，特别是火力发电、水泥生产、砖厂等重点排污单位均安装等了脱硫、脱硝或除尘设备，减少了大量污染物的排放；

（4）企业环保意识不断提高，随着工业园区天然气使用的覆盖，园区企业逐步使用天然气替代传统能源煤炭，部分非园区企业也进行了煤改气，天然气的使用降低了废气污染物的排放量。

5.7.4 固体废物对比情况

一般工业固体废物：二污普工业污染源共产生一般工业固体废物152028.65t，比一污普（1232279.36t）减少1080250.71t，相比降低87.66%；二污普一般工业固体废物处置利用率为69.39%，比一污普（49.36%）相比增加20个百分点；二污普一般工业固体废物贮存率为30.69%，比一污普（47.68%）相比降低了近17个百分点；二污普一般工业固体废物丢弃率为0.01%，比一污普（2.96%）相比降低了近3%比。具体情况见表5-37。

表5-37 一二污普一般工业固体废物对比情况表

统计名称	二污普一般工业固体废物/t	一污普一般工业固体废物/t	同比降低/%
产生量	152028.65	1232279.36	-87.66
综合利用量	76947.20	602767.63	-87.23
处置量	28416.31	5435.92	422.75
贮存量	46654.30	587591.93	-92.06
丢弃量	10.84	36483.89	-99.97

注：表中所有数据均保留两位小数。一污普数据来源于《重庆市开县第一次全国污染源普查技术报告》。

由表5-37可知，二污普对比一污普一般工业固体废物产生量大幅度下降，其原因如下：

（1）关闭了大量煤矿，减少了煤矸石的产生；

（2）淘汰了大量的燃煤锅炉，关闭了纸厂、水泥制造、砖厂，减少了煤炭的消耗量，降低了粉煤灰、炉渣的产生量。

对比一二污普数据，开州区十年来，一般工业固体废物的综合利用处置率在逐渐升高，一般工业固体废物的丢弃率降低至0.01%，总体来说开州区一般工业固体废物得到了有效的管理，一般工业固体废物对环境的影响得到了较大的改善。

工业危险废物：二污普工业企业共产生危险废物3408.8776t，比一污普（66.46t）增加3342.4176t；二污普工业危险废物年末贮存量为3385.4t，比一污普（0）增加3385.4t，主要原因是开州区生活垃圾发电企业重庆绿能新能源有限公司2017年建成并投入运行，该企业属于生活垃圾焚烧发电企业，年产生危险废物（飞灰）数量较大（2017年产生3384t，占开州区工业危险废物产生总量的99.27%），未找到合适的单位处置，进行了临时贮存。二污普危险废物倾倒量为0，比一污普（9.95t）减少9.95t，说明了开州区工业危险废物得到了规范化的管理。

5.8 本章小结

开州区第二次全国污染源普查工作始终坚持“应查尽查，不重不漏”的原则，经过仔细比对各个工业企业名单，逐一现场清查、入户调查，最终普查工业企业985家。根据普查结果显示，开州区工业以小微型企业为主，私营企业数量最多，仍处于主要地位。

5.8.1 工业污染物重点排放行业、乡镇和水体情况

通过污染物排放数据的行业分布情况对比，得出了开州区工业废水和废气排放的重点行业，重点行业各类主要污染物排放量均占开州区排放总量的80%以上，为开州区以后行业废水废气的环境管理提供了重要的参考依据。开州区2017年工业废水排放重点行业为：农副食品加工业，电力、热力生产和供应业，酒、饮料和精制茶制造业，造纸和纸制品业，水的生产和供应业；工业废气排放重点行业为：电力、热力生产和供应业，石油和天然气开

采业，非金属矿物制品业，皮革、毛皮、羽毛及其制品和制鞋业，木材加工和木、竹、藤、棕、草制品业，计算机、通信和其他电子设备制造业。

通过污染物排放数据的乡镇街道分布情况对比，得出了开州区工业废水和废气排放的重点区域，重点区域各类主要污染物排放量均占开州区排放总量的80%以上，为开州区以后工业企业的规划选址，污染物排放的区域控制和管理引导了方向。开州区2017年工业废水排放重点乡镇街道为白鹤街道办事处、渠口镇、长沙镇、和谦镇和赵家街道办事处；开州区2017年工业废气排放重点乡镇街道为白鹤街道办事处、赵家街道办事处、高桥镇、温泉镇和镇安镇。

通过污染物排放数据的受纳水体分布情况对比，得出了开州区工业废水排入的重要水体，为改善开州区水环境质量，加强水环境保护提供了参考依据。开州区2017年工业废水排放的重点受纳水体为小江、普里河、桃溪河和南河。

5.8.2 数据合理性分析

通过对比工业企业普查数量的分布情况，开州区工业分布符合实际情况，基本合理。园区，城市周边乡镇街道工业分布数量多，且比较集中；偏远乡镇街道分布较少，以微型企业为主，如作坊式的酒厂、电站、砂石厂等。

工业污染物排放量对比第一次污染源普查减少较多，主要原因是开州区近年来加强了集中式污水处理厂和配套管网的建设，提高了工业污水的收集率和处理率；大气方面强制要求了火力发电、水泥、砖厂安装脱硫、脱硝或除尘污染治理设施。

对比环境统计、排污许可证等管理数据，工业企业总体情况和结构基本合理。但是普查发现，开州区工产业基本上属于劳动密集型，资本密集型和技术密集型产业比较薄弱，即使有个别的一般电子与通信设备制造业、运输设备制造业，也仍然属于加工企业，技术性不强。

对比统计数据，开州区火力发电量，水泥产量、机制纸及纸板等大宗产品产量和工业煤炭、天然气消耗量基本上一致。

总体来说，通过开展开州区工业污染源普查，基本上摸清了开州区2017年工业污染源的基本信息，了解了工业企业的数量、结构和分布状况，掌握了全区区域、流域（水体）、行业污染物产生、排放和处理情况。最终汇总形成了开州区工业污染源信息数据库和环境统计平台，为加强工业污染源监管、改善环境质量、防控环境风险、服务环境与发展综合决策提供了依据，也为开州区以后的环境管理和政策服务指引了方向。

6　农业污染源普查结果分析

6.1　总体情况

开州区第二次全国污染源普查农业污染源按照国家要求，分别对种植业、畜禽养殖业和水产养殖业（不含藻类）进行了普查。畜禽规模养殖场参照工业企业的普查流程，进行了名单筛选，逐一现场清查、入户调查，最终普查畜禽规模养殖场146家；规模以下的养殖户调查填报了综表N202《规模以下养殖户养殖量及粪污处理情况表》；种植业调查填报了综表N201-1《种植业基本情况表》、N201-2《种植业播种、覆膜与机械收获面积情况表》和N201-3《农作物秸秆利用情况表》；水产养殖业（不含藻类）调查填报了综表N203《水产养殖基本情况表》。

汇总普查数据，得出了开州区农业的基本信息和数据。2017年开州区畜禽养殖的情况为：生猪全年出栏量80.6183万头，奶牛年末存栏量0.0109万头，肉牛全年出栏量1.4545万头，蛋鸡年末存栏量99.9752万羽，肉鸡全年出栏量267.5620万羽。

2017年开州区种植业的情况为：耕地与园地总面积2010286亩（1亩≈666.67m^2），其中耕地面积1449930亩，占总面积的72.13%；园地面积560356亩，占总面积的27.87%。化肥施用量189966t，其中氮肥施用折纯量27007t，含氮复合肥施用折纯量1791t。用于种植业的农药使用量751t。

水产养殖（不含藻类）方式主要有两种，一种为池塘养殖，另一种为其他养殖，包括河流、水库、稻田养殖等。水产养殖（不含藻类）产品有6类，包括19个品种。2017年水产养殖产量28080.4t，投苗量5778.4t，养殖面积60872亩。

6.2　废水污染物产生、排放与处理情况

开州区2017年农业污染源水污染物化学需氧量产生76826.86t，排放6089.85t；氨氮产生675.74t，排放150.60t；总氮产生5255.77t，排放1075.65t；总磷产生835.88t，排放143.54t。

畜禽养殖污染物产排情况为：化学需氧量产生量75530.84t，排放量5690.90t，削减69839.94t，削减率为92.47%；氨氮产生量629.23t，排放量57.02t，削减572.21t，削减率为90.94%；总氮产生量5115.74t，排放量404.25t，削减4711.49t，削减率为92.10%；总磷产生量822.23t，排放量69.38t，削减752.85t，削减率为91.56%。

种植业主要水污染物氨氮排放76.78t，总氮排放623.29t，总磷排放71.21t。

水产养殖业（不含藻类）污染物产排情况为：化学需氧量产生1296.01t，排放398.95t，削减897.06t，削减率为69.22%；氨氮产生46.51t，排放16.80t，削减29.71t，削减率为63.88%；总氮产生140.02t，排放48.11t，削减91.91t，削减率为65.64%；总磷产生13.65t，排放2.95t，削减10.70t，削减率为78.42 %。具体情况见表6-1。

表6-1　开州区农业污染源废水污染物排放情况表　(t)

统计类别	化学需氧量排放量	氨氮排放量	总氮排放量	总磷排放量
畜禽养殖业	5690.90	57.02	404.25	69.38
种植业	—	76.78	623.29	71.21
水产养殖业（不含藻类）	398.95	16.80	48.11	2.95
合计	6089.85	150.60	1075.65	143.54

注：表中所有数据均保留两位小数。合计数据因小数取舍而产生的误差，未做机械调整。

6.3　畜禽养殖业普查结果及分析

6.3.1　畜禽养殖业普查及污染物产排总体情况

开州区第二次全国污染源普查的畜禽养殖业分为规模以上养殖场和规模

以下的养殖户。畜禽规模养殖场调查与工业污染源普查相同，都进行了名单筛选，实地逐一清查、入户调查；畜禽养殖户调查结合畜牧统计年鉴数据和畜禽年报数据，开展抽样调查填报普查数据。

开州区2017年畜禽养殖情况为：生猪全年出栏量80.6183万头，奶牛年末存栏量0.0109万头，肉牛全年出栏量1.4545万头，蛋鸡年末存栏量99.9752万羽，肉鸡全年出栏量267.5620万羽。全年畜禽粪便产生23.68×10^4t，利用18.71×10^4t，利用率为79.01%；畜禽尿液产生40.57×10^4t，利用31.46×10^4t，利用率为77.54%。

开州区2017年畜禽养殖业污染物产排情况为：化学需氧量产生量75530.84t，排放量5690.90t，削减69839.94t，削减率为92.47%；氨氮产生量629.23t，排放量57.02t，削减572.21t，削减率为90.94%；总氮产生量5115.74t，排放量404.25t，削减4711.49t，削减率为92.10%；总磷产生量822.23t，排放量69.38t，削减752.85t，削减率为91.56%。总体来说开州区畜禽养殖业主要污染物的削减率较高，均达到了90%以上。具体情况见表6-2和图6-1。

表6-2 开州区畜禽养殖情况及污染物产排汇总表

情况	指标名称	指标值
污染物产生和排放情况	化学需氧量产生量	75530.84t
	化学需氧量排放量	5690.90t
	氨氮产生量	629.23t
	氨氮排放量	57.02t
	总氮产生量	5115.74t
	总氮排放量	404.25t
	总磷产生量	822.23t
	总磷排放量	69.38t
畜禽养殖总量	生猪（全年出栏量）	80.6183万头
	奶牛（年末存栏量）	0.0109万头
	肉牛（全年出栏量）	1.4545万头
	蛋鸡（年末存栏量）	99.9752万羽
	肉鸡（全年出栏量）	267.5620万羽

续表 6-2

情况	指标名称	指标值
尿液和粪便产生和利用情况	粪便产生量	23.68×10^4t/a
	尿液产生量	40.57×10^4t/a
	粪便利用量	18.71×10^4t/a
	尿液利用量	31.46×10^4t/a

注：表中“污染物产生排放量”“尿液和粪便产生利用量”保留两位小数。“畜禽养殖量”为实际调查数据汇总。

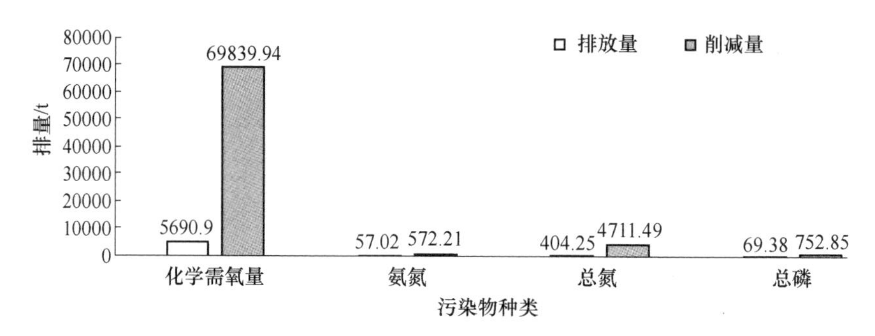

图 6-1　开州区畜禽养殖业主要水污染物产排对比图

6.3.2　畜禽规模养殖场普查及污染物产排情况

开州区 2017 年畜禽规模养殖场清查 978 家，普查 146 家，其中生猪养殖场 95 家，占普查总数的 65.07%，全年出栏量 10.1983 万头；肉牛养殖场 21 家，占普查总数的 14.38%，全年出栏量 0.1845 万头；蛋鸡养殖场 21 家，占普查总数的 14.38%，年末存栏量 19.9152 万羽；肉鸡养殖场 9 家，占普查总数的 6.17%，全年出栏量 13.3220 万羽。

畜禽规模养殖场 2017 年粪便产生量 2.98×10^4t，利用量 2.39×10^4t，利用率为 80.20%；2017 年尿液产生量 4.84×10^4t，利用量 3.94×10^4t，利用率为 81.40%。配套的消纳土地（农田、草地和林地等）50627 亩，其中农田面积 41187 亩，占配套消纳土地总面积的 81.35%；草地面积 2212 亩，占配套消纳土地总面积的 4.37%；林地面积 7228 亩，占配套消纳土地总面积的 14.28%。

普查数据核算汇总，2017 年开州区畜禽规模养殖场污染物产排情况为：化学需氧量产生量 9578.32t，排放量 1859.14t，削减 7719.18t，削减率为

80.59%；氨氮产生量 77.90t，排放量 15.00t，削减 62.90t，削减率为 80.74%；总氮产生量 639.61t，排放量 124.19t，削减 515.42t，削减率为 80.58%；总磷产生量 121.73t，排放量 24.17t，削减 97.56t，削减率为 80.14%。具体情况见表 6-3、图 6-2 和图 6-3。

表 6-3 开州区 2017 年畜禽规模养殖场汇总表

情况	调查指标			指标数量
规模畜禽养殖场数	规模生猪养殖场			95 家
	规模奶牛养殖场			0
	规模肉牛养殖场			21 家
	规模蛋鸡养殖场			21 家
	规模肉鸡养殖场			9 家
规模畜禽养殖场养殖总量	生猪（全年出栏量）			10.1983 万头
	奶牛（年末存栏量）			0
	肉牛（全年出栏量）			0.1845 万头
	蛋鸡（年末存栏量）			19.9152 万羽
	肉鸡（全年出栏量）			13.322 万羽
污水和粪便产生与利用情况	污水产生量			13.85×10^4t/a
	污水利用量			11.59×10^4t/a
	粪便收集量			5.09×10^4t/a
	粪便利用量			4.10×10^4t/a
配套农田和林地情况	农田面积	总计		41187 亩
		大田作物	总计	12172.5 亩
			小麦	626 亩
			玉米	6601 亩
			水稻	2086 亩
			谷子	145 亩
			其他作物	2714.5 亩
		蔬菜		3542.5 亩
		经济作物		2052 亩
		果园		23420 亩
	草地面积			2212 亩
	林地面积			7228 亩

续表 6-3

情况	调查指标	指标数量
污染物产生和排放情况	化学需氧量产生量	9578.32t
	化学需氧量排放量	1859.14t
	氨氮产生量	77.90t
	氨氮排放量	15.00t
	总氮产生量	639.61t
	总氮排放量	124.19t
	总磷产生量	121.73t
	总磷排放量	24.17t
系数法核算粪污产生与利用情况	粪便产生量	2.98×10^4t/a
	尿液产生量	4.84×10^4t/a
	粪便利用量	2.39×10^4t/a
	尿液利用量	3.94×10^4t/a

注：1 亩≈666.67m^2。

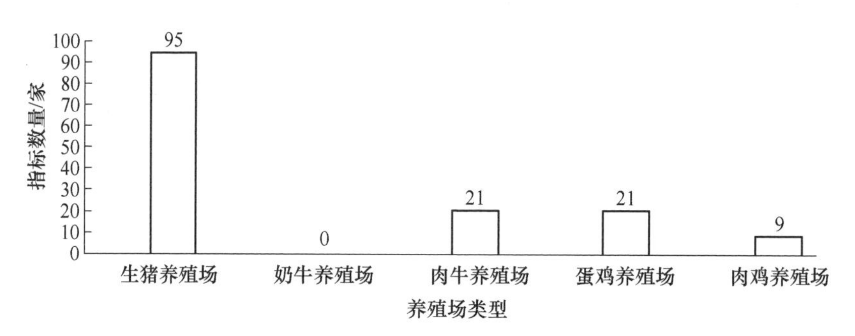

图 6-2　开州区畜禽规模养殖场类型数量比例图

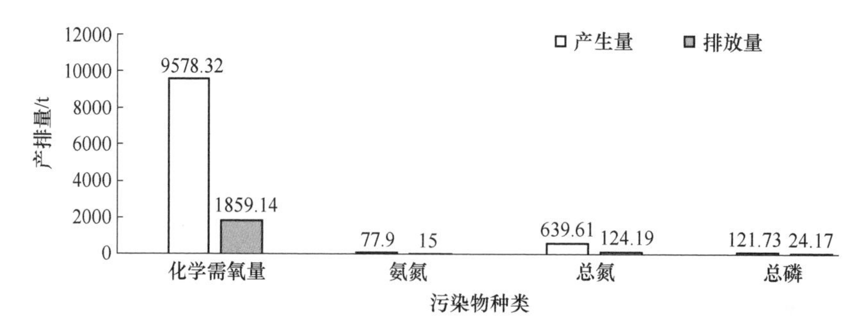

图 6-3　开州区畜禽规模养殖场主要水污染物产排对比图

6.3.3 畜禽规模以下养殖户普查及污染物产排情况

结合“畜牧统计年鉴数据”和“畜禽年报数据”，畜禽规模的以下养殖户开展了抽样调查。2017 年开州区畜禽规模以下的养殖户养殖情况为：生猪全年出栏量 70.42 万头，奶牛年末存栏量 0.0109 万头，肉牛全年出栏量 1.27 万头，蛋鸡年末存栏量 80.06 万羽，肉鸡全年出栏量 254.24 万羽。全年畜禽粪便产生 20.70×10^4t，利用 16.32×10^4t，利用率为 78.84%；全年畜禽尿液产生 35.73×10^4t，利用 27.52×10^4t，利用率为 77.02%。

普查数据核算汇总，2017 年开州区畜禽养殖户污染物产排情况为：化学需氧量产生量 65952.53t，排放量 3831.76t，削减 62120.77t，削减率为 94.19%；氨氮产生量 551.33t，排放量 42.01t，削减 509.32t，削减率为 92.38%；总氮产生量 4476.14t，排放量 280.06t，削减 4196.08t，削减率为 93.74%；总磷产生量 700.50t，排放量 45.21t，削减 655.29t，削减率为 93.55%。具体情况见表 6-4 和图 6-4。

表 6-4 开州区畜禽养殖户情况及污染物产排汇总表

情况	指标名称	指标值
污染物产生和排放情况	化学需氧量产生量	65952.53t
	化学需氧量排放量	3831.76t
	氨氮产生量	551.33t
	氨氮排放量	42.01t
	总氮产生量	4476.14t
	总氮排放量	280.06t
	总磷产生量	700.50t
	总磷排放量	45.21t
尿液和粪便产生和利用情况	粪便产生量	20.70×10^4t/a
	尿液产生量	35.73×10^4t/a
	粪便利用量	16.32×10^4t/a
	尿液利用量	27.52×10^4t/a
畜禽养殖总量	生猪（全年出栏量）	70.42 万头
	奶牛（年末存栏量）	0.0109 万头
	肉牛（全年出栏量）	1.27 万头
	蛋鸡（年末存栏量）	80.06 万羽
	肉鸡（全年出栏量）	254.24 万羽

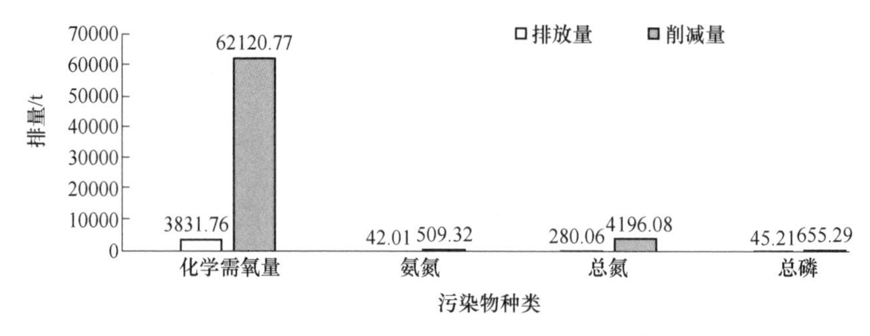

图 6-4　开州区畜禽养殖户主要水污染物产排对比图

6.4　种植业普查结果及分析

6.4.1　种植业普查及污染物产排情况

6.4.1.1　种植面积普查情况

开州区 2017 年规模种植主体数量 525 个，规模种植面积 179891 亩，其中粮食作物种植面积 36528 亩，占规模种植总面积的 20.31%；经济作物种植面积 70020 亩，占规模种植总面积的 38.92%；蔬菜瓜果种植面积 179891 亩，占规模种植总面积的 8.49%；园地面积 58065 亩，占规模种植总面积的 32.28%。具体情况见表 6-5 和图 6-5。

表 6-5　开州区 2017 年种植面积情况表

普查类型		普查数	普查单位
规模种植主体数量		525	个
规模种植总面积	总　计	179891	亩
	粮食作物面积	36528	亩
	经济作物面积	70020	亩
	蔬菜瓜果面积	15278	亩
	园地面积	58065	亩
不同坡度耕地和园地总面积	总　计	2010286	亩
	平地面积（坡度≤5°）	165127	亩
	缓坡地面积（坡度=5°~15°）	563400	亩
	陡坡地面积（坡度>15°）	1281759	亩

续表 6-5

普查类型		普查数	普查单位
耕地面积	总 计	1449930	亩
	旱地	855570	亩
	水田	594360	亩
菜地面积	总计	310551	亩
	露地	296379	亩
	保护地	14172	亩
园地面积	总 计	560356	亩
	果园	526556	亩
	茶园	14000	亩
	桑园	19800	亩
	其他	0	亩

注：1 亩≈666.67m^2。

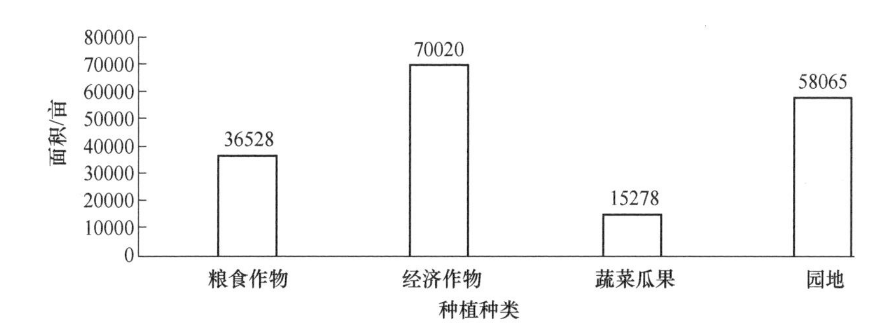

图 6-5 开州区 2017 年规模种植面积分类比例图

（1 亩≈666.67m^2）

开州区 2017 年耕地与园地总面积 2010286 亩，其中耕地面积 1449930 亩，占总面积的 72.13%；园地面积 560356 亩，占总面积的 27.87%。

根据坡度划分，其中平地面积（坡度不大于 5°）165127 亩，占总面积的 8.21%；缓坡地面积（坡度为 5°～15°）563400 亩，占总面积的 28.03%；陡坡地面积（坡度大于 15°）1281759 亩，占总面积的 63.76%。总体来说开州区属于渝东北山区，土地坡度较大。具体情况见表 6-5 和图 6-6。

开州区 2017 年耕地面积 1449930 亩，其中旱地 855570 亩，占耕地面积

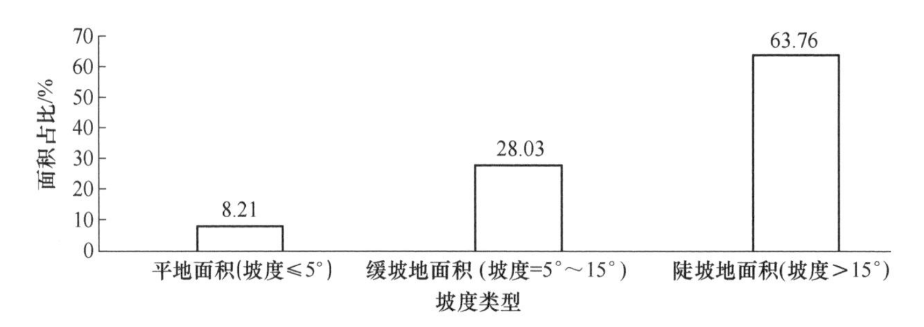

图 6-6 开州区耕地园地面积不同坡度比例图

的 59.01%；水田 594360 亩，占耕地面积的 40.99%。

开州区 2017 年园地面积 560356 亩，其中，果园 526556 亩，占园地面积的 93.97%；茶园 14000 亩，占园地面积的 2.50%；桑园 19800 亩，占园地面积的 3.53%。具体情况见表 6-5 和图 6-7。

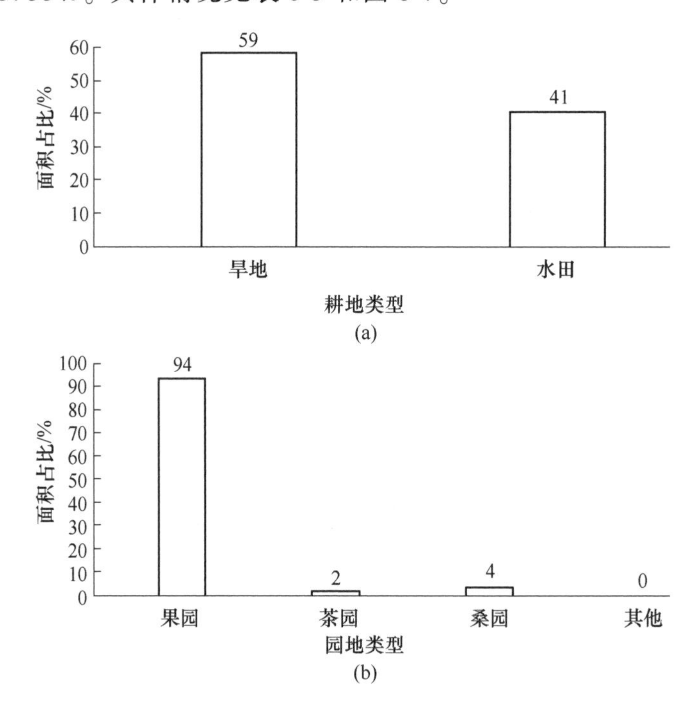

图 6-7 开州区 2017 年耕地和园地分类比例图

(a) 耕地对比图；(b) 园地对比图

6.4.1.2 种植业污染物产排情况

普查数据汇总统计，2017 年开州区种植业化肥施用量 189966t，其中氮肥施用折纯量27007t，含氮复合肥施用折纯量1791t。用于种植业的农药使用量751t。

种植业主要水污染物氨氮排放76.78t，总氮排放623.29t，总磷排放71.21t。

6.4.2 秸秆产生与利用情况

开州区2017年作物产量641771t，其中粮食作物产量597703t，占作物总产量的93.13%；经济作物44068t，占作物总产量的6.87%。农作物仍然以粮食为主。

粮食作物产量597703t，主要生产薯类、水稻、玉米和小麦。其中，薯类产量246125t，占粮食作物产量的41.18%；水稻产量215783t，占粮食作物产量的36.1%；玉米产量124577t，占粮食作物产量的20.84%；小麦产量11218t，占粮食作物产量的1.88%。由此可见，开州区的粮食作物主要还是薯类（红薯、马铃薯）和水稻为主，由于开州区位于中国西南山区，受气候条件限制，不适合小麦的大规模生产，所以种植较少，并且产量降低。

经济作物产量44068t，主要生产油菜、花生、大豆和甘蔗。其中，油菜产量22538t，占经济作物产量的51.14%；花生产量8649t，占经济作物产量的19.63%；大豆产量6648t，占经济作物产量的15.09%；甘蔗产量6233t，占经济作物产量的14.14%。由此可见，开州区的经济作物主要油菜为主，而甘蔗在开州区产量较高，主要是由于开州区特色产业——红糖生产的需要。具体情况见表6-6、图6-8和图6-9。

表6-6 开州区2017年作物产量情况表

序号	调查指标			指标数量/t
作物产量	合计			641771
	粮食作物	水稻		215783
		小麦		11218
		玉米		124577
		薯类	总计	246125
			马铃薯	111856
	经济作物	油菜		22538
		大豆		6648
		甘蔗		6233
		花生		8649

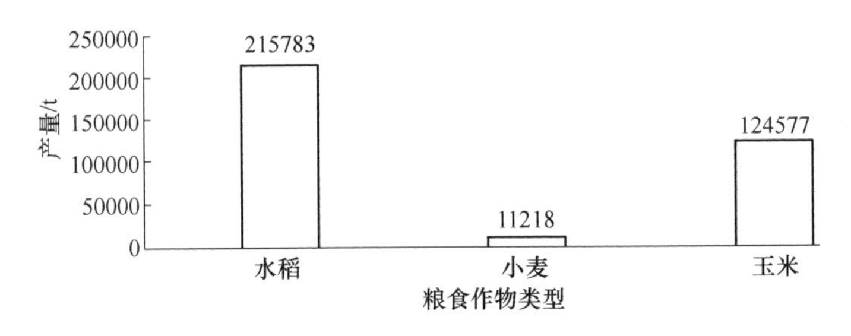

图 6-8　开州区 2017 年粮食作物产量分类比例图

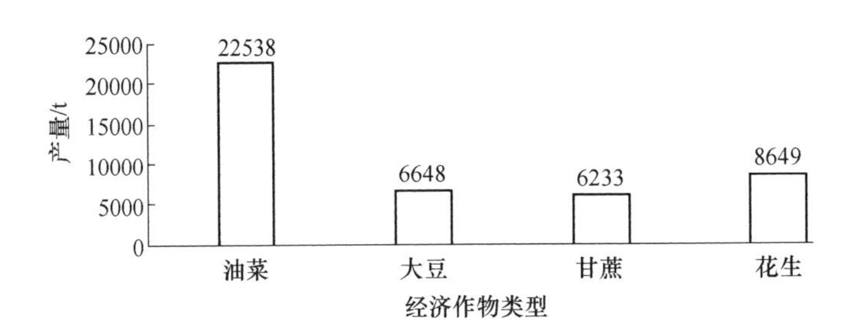

图 6-9　开州区 2017 年经济作物产量分类比例图

开州区 2017 年种植业秸秆产生量 40.7303×10^4t，秸秆可收集资源量 34.4802×10^4t，秸秆实际利用量 32.7569×10^4t，秸秆实际利用率为 95.00%。

秸秆规模化利用数量 18600t，主要用于基料化和饲料化。其中，秸秆基料化利用量 15000t，占规模化利用总量的 80.85%；秸秆饲料化利用量 3600t，占规模化利用总量的 19.35%。辖区内拥有秸秆规模化利用企业 65 家，其中，饲料化利用企业 50 家，占规模化利用企业总数的 76.92%；基料化利用企业数量 15 个，占规模化利用企业总数的 23.08%。总体来说，开州区种植业秸秆利用率较高，利用情况较好。

6.4.3　地膜使用与回收、化肥和农药施用情况

2017 年开州区播种面积 3278444 亩，覆膜面积 289797 亩，占播种面积的 8.84%。其中，粮食作物覆膜面积 75060 亩，经济作物覆膜面积 5800 亩，蔬菜覆膜面积 192887 亩，瓜果覆膜面积 10000 亩，果园覆膜面积 6050 亩。辖区内无地膜生产企业，地膜 2017 年使用总量 1816t，地膜回收企业 1 家，

2017年地膜回收利用总量93t，地膜回收利用率为5.12%；地膜累计残留量231.6184t。总体来说，开州区地膜回收水平不高，有待改善。

2017年开州区化肥施用量189966t，其中氮肥施用折纯量27007t，含氮复合肥施用折纯量1791t。用于种植业的农药使用量751t。

6.5 水产养殖业（不含藻类）普查结果及分析

开州区位于中国西南山区，四周无海，水产养殖业（不含藻类）只有淡水养殖。根据调查开州区水产养殖业（不含藻类）的养殖方式主要有两种：一种为池塘养殖；另一种为其他养殖，包括河流、水库、稻田养殖等。养殖的产品有6类，包括19个品种。

根据养殖种类年产量统计分析，2017年开州区鱼类养殖最多，产量27600t，占水产养殖（不含藻类）总产量的98.29%，投苗量5718.6t，养殖面积59449亩；其他类养殖第二，产量206t，占水产养殖（不含藻类）总产量的0.73%，投苗量19.8t，养殖面积106亩；蛙类养殖第三，产量128t，占水产养殖（不含藻类）总产量的0.46%，投苗量8.5t，养殖面积515亩；虾类养殖第四，产量116t，占水产养殖（不含藻类）总产量的0.42%，投苗量15.1t，养殖面积592亩；鳖类养殖第五，产量15.4t，占水产养殖（不含藻类）总产量的0.05%，投苗量14.5t，养殖面积120亩；最后是蟹类养殖，产量15t，占水产养殖（不含藻类）总产量的0.05%，投苗量1.9t，养殖面积90亩。具体情况见表6-7和图6-10。

表6-7 开州区2017年水产养殖业（不含藻类）情况表

养殖方式	养殖种类	养殖品种	产量/t·a^{-1}	投苗量/t·a^{-1}	养殖面积/亩
池塘养殖	鱼类	草鱼	11817	3020	21382
		鲢鱼	6145	1030	11120
		鳙鱼	1941	383	3512
		鲤鱼	3030	658	5502
		鲫鱼	1795	147	3274
		鳊鱼	10	1	25
		鮰鱼	35	4	65
		黄颡鱼	15	2.8	59
		鳟鱼	1010	90	137

续表 6-7

养殖方式	养殖种类	养殖品种	产量/$t \cdot a^{-1}$	投苗量/$t \cdot a^{-1}$	养殖面积/亩
池塘养殖	鱼类	鲟鱼	223	20	80
		泥鳅	346	29	500
		黄鳝	32	2.9	300
		其他	318	106	290
	虾类	克氏原螯虾	29	2.5	367
		南美白对虾（淡）	79	6.6	127
	蟹类	河蟹	15	1.9	90
	鳖类	鳖	15.4	14.5	120
	蛙类	蛙	128	8.5	515
	其他	其他	206	19.8	106
其他方式	鱼类	草鱼	280	70	4185
		鲢鱼	183	36	2745
		鳙鱼	115	36	1716
		鲤鱼	183	46	2746
		鲫鱼	115	36	1717
		泥鳅	7	0.9	94
	虾类	克氏原螯虾	8	6	98
合　计			28080.4	5778.4	60872

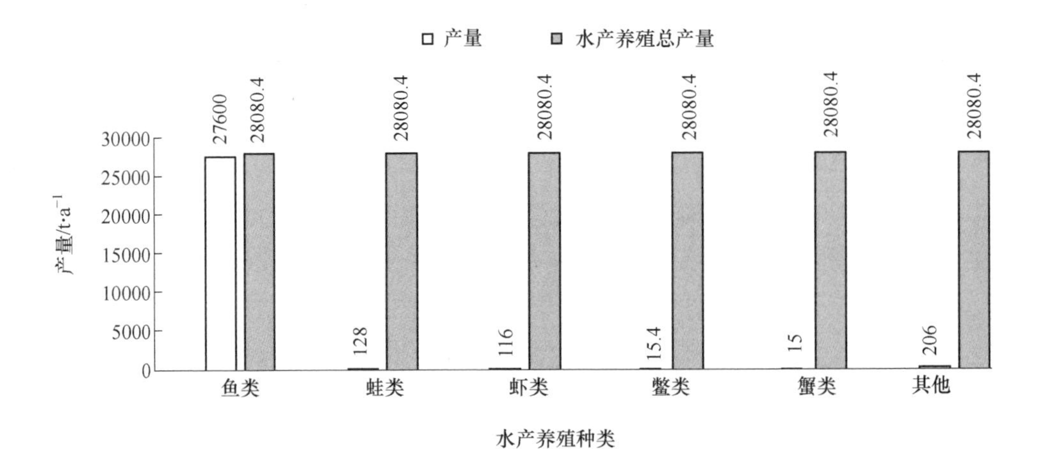

图 6-10　开州区 2017 年水产养殖业（不含藻类）种类产量对比图

核算汇总普查数据，开州区 2017 年水产养殖业（不含藻类）化学需氧量产生 1296.01t，排放 398.95t，削减 897.06t，削减率为 69.22%；氨氮产生 46.51t，排放 16.80t，削减 29.71t，削减率为 63.88%；总氮产生 140.02t，排放 48.11t，削减 91.91t，削减率为 65.64%；总磷产生 13.65t，排放 2.95t，削减 10.70t，削减率为 78.42%。具体情况见表 6-8 和图 6-11。

表 6-8 开州区 2017 年水产养殖业（不含藻类）污染物产排情况表

污染物名称	产生量/t	排放量/t	削减量/t	削减率/%
化学需氧量	1296.01	398.95	897.06	69.22
氨氮	46.51	16.80	29.71	63.88
总氮	140.02	48.11	91.91	65.64
总磷	13.65	2.95	10.70	78.42

注：表中数据均保留两位小数。

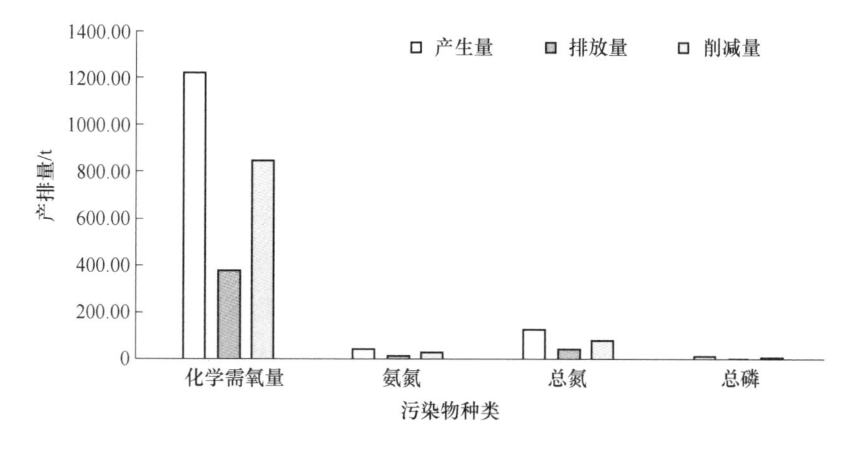

图 6-11 开州区 2017 年水产养殖业（不含藻类）污染物产生排放对比图

6.6 本 章 小 结

总体来说，开州区第二次全国污染源普查农业源数据合理，对比农业统计年鉴、畜牧年报等数据基本一致。近年来，开州区农业发展比较理想，但仍以传统农业为主，规模化种植、养殖比例不高，特别是农业化肥施用较多，地膜回收利用率较低，畜禽养殖污染较重，给开州区的环境带来很大的压力。

从普查数据分析，开州区种植业和水产养殖业发展实行了“因地制宜”，基本上符合开州区的实际情况。开州区农业多以分散种植，集约化较低，毕竟开州区属于渝东北山区，受到地形和气候条件的限制。畜禽养殖数量与统计年鉴和农业管理台账数据保持了一致，但规模化养殖场比例在降低，大部分为规模以下养殖户，环境管理压力较大。

针对畜禽养殖业污染较重的问题，开州区高度重视，践行“生态优先、绿色发展”的理念，出台相关政策，采取相应措施，以减少畜禽养殖污染物的排放，减轻畜禽养殖业对环境的污染。一是科学规划“防污”，制发《开州区畜禽养殖污染防治规划》《开州区现代畜牧业发展规划》，重新划定禁、限养区，引导畜禽养殖场（户）向适养区发展；二是关停拆除“减污”，为改善开州区水环境质量，特别是保护鲤鱼塘和汉丰湖，近年来对 200 多家畜禽养殖场（户）实施了关停，减少了畜禽养殖污染物的排放；三是生态治理“控污”，要求畜禽养殖场（户）建设污染治理设施，并配套相应的消纳土地，2014 年以来全区累计完成了 500 余家养殖场（户）的治理，提高了畜禽养殖污染物的去除率。

通过农业污染源普查，基本上摸清了开州区种植业，畜禽养殖业及水产养殖业（不含藻类）的基本信息，了解了农业污染源的数量、结构和分布状况。经过产排污核算，得出了开州区 2017 年农业污染源各种污染物的总产生量、排放量、削减量、削减率及种植业、畜禽养殖业和水产养殖业（不含藻类）的污染物产排情况。最终汇总数据，形成了开州区的农业污染源信息数据库和环境统计平台，为加强农业污染源管理，改善农村环境质量，降低农业点源面源污染和服务农村环境决策提供了依据，同时也能为开州区农业的经济发展及农业的产业结构布局提供重要的参考。

7 生活污染源普查结果分析

7.1 总体情况

按照第二次全国污染源普查的技术规定和要求，生活污染源属于开州区普查的范围有生活源锅炉、行政村、储油库和加油站。其他均由重庆市普查办调查汇总。

区普查办严格按照国家和市普查办相关文件的精神，坚决遵守“应查尽查，不重不漏”的原则，经过名单比对筛选，管理资料分析核实，现场逐一清查、入户调查，最终普查的生活污染源411家（个、台）。其中，生活源锅炉（不小于1蒸t）3台，行政村345个，加油站63家。所有普查对象均填报了调查表格，所有信息数据均录入了“第二次全国污染源普查系统”并进行了核算。

核算汇总普查数据，2017年开州区生活污染源废水污染物产生排放情况为：化学需氧量产生8475.66t，排放8191.22t，经处理削减284.44t，削减率3.36%；氨氮产生388.58t，排放374.16t，经处理削减14.42t，削减率3.71%；总氮产生737.41t，排放718.11t，经处理削减19.3t，削减率2.62%；总磷产生56.80t，排放55.31t，经处理削减1.49t，削减率2.62%；五日生化需氧量产生3302.44t，排放3185.14t，经处理削减117.30t，削减率3.55%；动植物油产生469.48t，排放453.56t，经处理削减15.92t，削减率3.39%。

2017年开州区生活污染源废气污染物产生排放情况为：二氧化硫产生排放512.21t，氮氧化物产生排放379.15t，颗粒物产生排放2070.92t，挥发性有机物产生排放716.99t。城镇生活由市普查办统计汇总，所以以上生活源污染物产排数据只含农村居民生活、生活源锅炉和加油站。

7.2　生活源锅炉情况

区普查办结合质监部门的锅炉备案信息情况和经济和信息化委员会、生态环境部等部门锅炉日常管理台账，形成了初步普查清单。乡镇街道结合辖区实际管理情况，对学校、医院、餐饮、宾馆及行政机关事业等单位进行逐一摸底排查。最终开州区生活源锅炉符合普查范围的有2家（3台）。其中，重庆市开州区人民医院锅炉2台，额定出力均为1t/h；重庆市开州区金科大酒店有限公司锅炉1台，额定出力1t/h。

开州区3台生活源锅炉，均为燃气锅炉，2017年燃烧使用天然气$59.4\times10^4m^3$。天然气属于清洁能源之一，故锅炉未安装废气治理设施。

经产排污核算，2017年开州区生活源锅炉共产生排放二氧化硫0.03t，氮氧化物0.94t，挥发性有机物0.0998t。

7.3　农村生活源情况

7.3.1　农村生活源基本情况

农村生活源普查，区普查办收集了《开州区2018年统计年鉴》数据，将普查表格下发至村委会进行了调查填报，最终调查行政村427个。根据国家统计局发布的数据进行审核，在城镇建成区范围内的行政村有82个，占调查总数的19.20%；不在城镇建成区范围内的行政村有345个，占调查总数的80.80%。汇总不在城镇建成区范围内的行政村信息得出，345个行政村共常住人口67.8054万人，常住户数21.3555万户。其中，有水冲式厕所的11.3495万户，占常住户数的53.15%；无水冲式厕所的10.0060户，占常住户数的46.85%。

人粪尿处理情况为：直排入水体的1.8721万户，占常住户数的8.77%；综合利用或填埋和处理的19.4834万户，占常住户数的91.23%，其中综合利用或填埋的8.6989万户、采用贮粪池抽吸后集中处理的1.9462万户、经化粪池后排入下水管道的4.4673万户、经其他处理方式的4.371万户。

生活污水排放去向为：直排的14.2443万户，占常住户数的66.70%，其中直排入农田的7.9623万户、直排入水体的6.282万户；排入处理设施的7.1112万户，占常住户数的33.30%，其中进入农村集中式处理设施的0.4194万户、进入市政管网的0.5926万户、其他去向的6.0992万户。

生活垃圾处理方式为：无处理的3.0743万户，占常住户数的14.40%；进行处理的18.2812万户，占常住户数的85.60%，其中运转至城镇处理的14.8948万户、镇村范围内无害化处理的0.7976万户、镇村范围内简易处理的2.5888万户。具体情况见表7-1。

表7-1 开州区2017年行政村生活污染基本情况汇总表

情况	指标名称	指标值/万户	常住户数占比/%
基本情况	行政村数量	345个	—
	农村常住户数	21.3555	—
	农村常住人口	67.8054万人	—
住房厕所类型	有水冲式厕所户数	11.3495	53.15
	无水冲式厕所户数	10.006	46.85
人粪尿处理情况	综合利用或填埋的户数	8.6989	40.73
	采用贮粪池抽吸后集中处理的户数	1.9462	9.11
	直排入水体的户数	1.8721	8.77
	直排入户用污水处理设备的户数	0	0.00
	经化粪池后排入下水管道的户数	4.4673	20.92
	其他处理方式的户数	4.371	20.47
生活污水排放去向	直排入农田的户数	7.9623	37.28
	直排入水体的户数	6.282	29.42
	排入户用污水处理设备的户数	0	0.00
	进入农村集中式处理设施的户数	0.4194	1.96
	进入市政管网的户数	0.5926	2.77
	其他去向的户数	6.0992	28.56
生活垃圾处理方式	运转至城镇处理	14.8948	69.75
	镇村范围内无害化处理	0.7976	3.73
	镇村范围内简易处理	2.5888	12.12
	无处理	3.0743	14.40

续表 7-1

情况	指标名称	指标值/万户	常住户数占比/%
冬季家庭取暖基本情况	已完成煤改气的家庭户数	1.2162	5.70
	已完成煤改电的家庭户数	7.2016	33.72
	燃煤取暖的家庭户数	3.3051	15.48
	安装独立土暖气（带散热片的水暖锅炉）的家庭户数	0.0498	0.23
	使用取暖炉（不带暖气片）的家庭户数	3.022	14.15
	使用火炕的家庭户数	1.3545	6.34

7.3.2　农村生活源产排污情况

2017 年开州区农村居民生活大气污染物二氧化硫产生排放 512.18t，氮氧化物产生排放 378.21t，颗粒物产生排放 2070.92t，挥发性有机物产生排放 637.60t。

2017 年开州区农村居民生活产生和排放污水 959.7673×10^4t，主要污染物化学需氧量产生 8475.66t，排放 8191.22t，削减 284.44t，削减率为 3.36%；五日生化需氧量产生 3302.44t，排放 3185.14t，削减 117.30t，削减率为 3.55%；氨氮产生 388.58t，排放 374.16t，削减 14.42t，削减率为 3.71 %；总氮产生 737.41t，排放 718.11t，削减 19.30t，削减率为 2.62%；总磷产生 56.80t，排放 55.31t，削减 1.49t，削减率为 2.62%；动植物油产生 469.48t，排放 453.56t，削减 15.92t，削减率为 3.39%。

总体来说，开州区人口数量较多，农村人口占有比重较大，农村生活源产生排放的废水及污染物较高。但是从污染物产排数据分析，开州区农村生活废水污染物的削减率较低，只有 3%左右，所以农村环境污染仍有待改善。具体情况见表 7-2 和图 7-1。

表 7-2　开州区 2017 年农村生活源废水及污染物产排情况表

污染物名称	产生量/t	排放量/t	削减量/t	削减率/%
污水	9597673	9597673	0	0
化学需氧量	8475.66	8191.22	284.44	3.36

续表 7-2

污染物名称	产生量/t	排放量/t	削减量/t	削减率/%
五日生化需氧量	3302.44	3185.15	117.29	3.55
氨氮	388.58	374.16	14.42	3.71
总氮	737.41	718.11	19.30	2.62
总磷	56.80	55.31	1.49	2.62
动植物油	469.48	453.56	15.92	3.39

注：表中“污水”为实际核算值，未对小数进行取舍；废水污染物所有数据均保留两位小数。

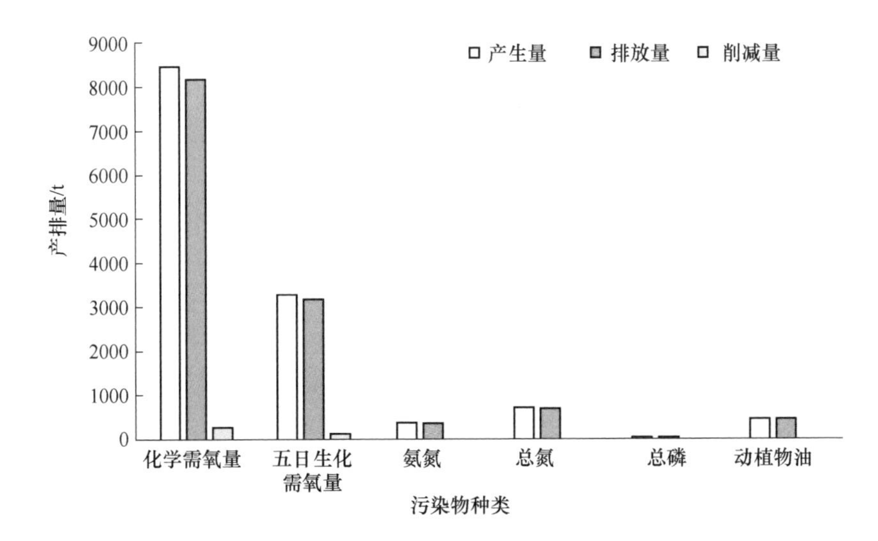

图 7-1　开州区 2017 年农村生活源污染物产排对比图

7.4　加油站储油库情况

经实际调查，开州区行政区域内建有 63 个加油站，无储油库。63 个加油站分布在 37 个乡镇街道，总罐容 5233m^3，其中汽油罐容 2976m^3，柴油罐容 2257m^3。2017 年油品总销售量 86049t，其中汽油销售 48486t，占油品总销售量的 56.35%；柴油销售量 37563t，占油品总销售量的 43.65%。

截至 2017 年底，开州区所有加油站均安装了油气回收装置，其中安装一阶段油气回收的加油站 55 个，占加油站总数的 87.30%；安装二阶段油气回收的加油站 8 个，占加油站总数的 12.70%。63 家加油站均未安装油气处理装置和在线监测系统。

开州区 63 家加油站 2017 年排放挥发性有机物 79.29t，具体情况见表 7-3。

表 7-3　开州区加油站调查信息及油气回收总表

调　查　指　标			计量单位	2017 年调查数据
总罐容	总　计		m^3	5233
	汽油总罐容		m^3	2976
	柴油总罐容		m^3	2257
年销售量	总　计		t	86049
	汽油年销售量		t	48486
	油年销售量		t	37563
加油站数	总　计		座	63
	汽油回收	无油气回收	座	0
		一阶段油气回收	座	55
		二阶段油气回收	座	8
	油气处理装置	有油气处理装置	座	0
		无油气处理装置	座	63
	在线监测系统	有在线监测系统	座	0
		无在线监测系统	座	63
加油站挥发性有机物挥发量			t	79.29

注：表中“加油站挥发性有机物挥发量”保留两位小数，其余为实际调查数据，未做调整。

7.5　本 章 小 结

普查数据汇总分析，2017 年开州区生活污染源废水污染物化学需氧量的排放量占总排放量的 56.95%，氨氮排放量占总排放量的 70.73%，总氮排放量占总排放量的 39.77%，总磷排放量占总排放量的 27.69%。

废气污染物二氧化硫排放量占总排放量的 15.92%，氮氧化物排放量占总排放量的 18.73%，颗粒物排放量占总排放量的 27.62%，挥发性有机物排放量占总排放量的 80.11%。

总体来说，开州区生活污染源无论废水、废气污染物排放量占比排放总量较高，生活污染源的环境保护压力仍然较大。

二污普生活源锅炉普查 3 台，比一污普（34 台）减少 31 台，其原因如下：

（1）开州区城市建成区禁止燃煤；

（2）居民环保意识提高，学校、宾馆、医院及行政单位逐步淘汰了燃煤锅炉，改用天然气灶等。这样减少了生活废气及污染物的排放，有利环境保护。

从行政村分析，开州区农村人口数量大，且分布较散，农村居民生活产生的废水、废气及污染物较多，农村生活污染源的环境污染仍然较重。

加油站布局基本合理。2017 年开州区行政区域内建有加油站 63 家，涉及 37 个乡镇街道，但是丰乐街道办事处、高桥镇和关面乡辖区内未建设加油站，而部分乡镇街道加油站建设较多，如郭家镇有 5 个，温泉镇有 5 个，敦好镇有 4 个，文峰街道有 4 个。实地调查发现，个别乡镇街道一定范围内加油站比较密集，所以加油站的空间布局还存在不合理性。

通过普查，基本上摸清了开州区生活污染源的基本信息，了解了生活污染源的数量、结构和分布状况。经过产排污核算，掌握了开州区 2017 年生活污染源的废水、废气及污染物的产排情况。最终数据汇总核算，形成了开州区生活污染源信息数据库和环境统计平台，为加强生活污染源管理，改善居民环境质量和服务环境决策提供了依据，同时也能为开州区水体环境质量的提高引导了方向。

8 集中式污染治理设施普查结果分析

8.1 总体情况

开州区第二次全国污染源普查集中式污染源治理设施按照国家要求，区普查办根据国家和市上下发的名单，结合环保部门的日常管理资料和开州区发展和改革委员会、建设委员会、国家移民管理局等单位的设施建设台账形成了《开州区集中式污染治理设施底册》。指导员和普查员逐一实地核实，最终普查集中式污染治理设施 78 个，其中包括 42 个城镇污水处理厂，31 个农村集中污水处理站，4 个生活垃圾处置场（厂）和 1 家危险废物处置厂，如图 8-1 所示。

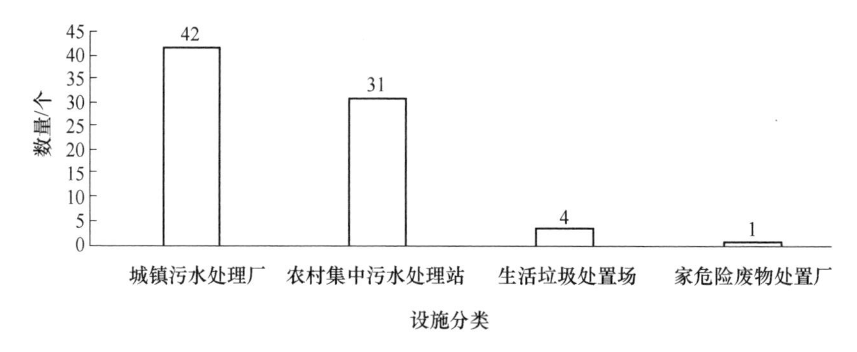

图 8-1　开州区 2017 年集中式污染治理设施分类比例图

2017 年开州区集中式污染治理设施废水污染物产生排放情况为：化学需氧量产生 28. 44t，排放 1. 07t，经处理削减 27. 37t，削减率 96. 24%；氨氮产生 6. 55t，排放 0. 23t，经处理削减 6. 32t，削减率 96. 49%；总氮产生 7. 78t，排放 0. 32t，经处理削减 7. 46t，削减率 95. 89%；总磷产生 0. 12t，排放 0. 04t，经处理削减 0. 08t，削减率 66. 67%；五日生化需氧量产生 9. 70t，排放 0. 13t，经处理削减 9. 57t，削减率 98. 66%；重金属（铅、汞、镉、铬和类金属砷）产生1.660kg，排放0.531kg，经处理削减1.129kg，削减率68.010%。由此可见，开州区集中式污染治理设施污染物削减率较高，主要是因为生活垃圾处置厂和危险废物处置厂的渗滤液都排入至污水处理厂进行了集中处理，具体情况见表8-1。

表8-1 开州区2017年集中式污染治理设施污染物产排情况表

污染物名称	产生量/t	排放量/t	削减量/t	削减率/%
化学需氧量	28.44	1.07	27.37	96.24
五日生化需氧量	9.70	0.13	9.57	98.66
总氮	7.78	0.32	7.46	95.89
氨氮	6.55	0.23	6.32	96.49
总磷	0.12	0.04	0.08	66.67
重金属（铅、汞、镉、铬和类金属砷）	1.660kg	0.531kg	1.129kg	68.010kg

注：表中“重金属（铅、汞、镉、铬和类金属砷）”产排量保留三位小数，其余所有数据均保留两位小数。

8.2 污水处理设施结果分析

8.2.1 数量与分布总体情况

第二次全国污染源普查开州区调查并核算污水处理设施73个，其中包括42个城镇污水处理厂和31个农村集中污水处理站。42个城镇污水处理设施包括1个城市污水处理厂，为重庆市开州区排水有限公司，该公司主要处理开州城区及邻近乡镇街道的生活污水，设计处理量60000m^3/d；1个工业污水处理厂，为重庆市开州区联建污水处理有限公司，该公司主要处理赵家街道办事处工业园区的工业废水及场镇生活污水，设计处理量15000m^3/d；40个乡镇污水处理厂，总设计处理量34180m^3/d；31个农村集中污水处理站，总设计处理量2700m^3/d。

40个乡镇污水处理厂分布在32个乡镇街道，其中敦好镇建设3个，九龙山镇、临江镇、巫山镇、岳溪镇、中和镇和三汇口乡各建设2个，其余每个乡镇街道建设1个。截至2017年底，开州区丰乐街道办事处、文峰街道办事处、汉丰街道办事处、云枫街道办事处、镇东街道办事处、镇安镇、竹溪镇 7 个乡镇街道未建设乡镇污水处理厂，其原因是以上乡镇街道建设了城市污水管网，其居民生活污水经管网排入城市污水处理厂重庆市开州区排水有限公司进行处理；赵家街道办事处未建设乡镇污水处理厂，是因为建设了园区污水处理厂重庆市开州区联建污水处理有限公司，其居民生活污水排入该厂进行处理。

35 个农村污水处理站分布在 17 个乡镇街道的 28 个村或社区，具体情况见表 8-2。

表 8-2 开州区乡镇街道污水处理厂分布情况表

序号	乡镇街道名称	污水处理厂总数/个	城镇污水处理厂/个	工业污水处理厂/个	农村污水处理站/个
1	白鹤街道办事处	2	1	0	1
2	白桥镇	1	1	0	0
3	白泉乡	2	1	0	1
4	大德镇	1	1	0	0
5	大进镇	1	1	0	0
6	敦好镇	3	3	0	0
7	高桥镇	1	1	0	0
8	关面乡	1	1	0	0
9	郭家镇	2	1	0	1
10	汉丰街道办事处	2	0	0	2
11	南雅镇	1	1	0	0
12	渠口镇	1	1	0	0
13	五通乡	1	1	0	0
14	谭家镇	1	1	0	0
15	紫水乡	1	1	0	0
16	金峰镇	1	1	0	0
17	和谦镇	1	1	0	0
18	河堰镇	1	1	0	0
19	厚坝镇	2	2	0	0
20	九龙山镇	4	2	0	2

续表 8-2

序号	乡镇街道名称	污水处理厂总数/个	城镇污水处理厂/个	工业污水处理厂/个	农村污水处理站/个
21	临江镇	5	2	0	3
22	麻柳乡	2	1	0	1
23	满月乡	3	1	0	2
24	南门镇	2	1	0	1
25	三汇口乡	2	2	0	0
26	天和镇	2	1	0	1
27	铁桥镇	3	1	0	2
28	温泉镇	2	1	0	1
29	巫山镇	2	2	0	0
30	义和镇	4	1	0	3
31	岳溪镇	2	2	0	0
32	长沙镇	4	1	0	3
33	赵家街道办事处	2	0	1	1
34	中和镇	5	2	0	3
35	竹溪镇	3	0	0	3
合　计		73	41	1	31

8.2.2 主要污染物削减量

开州区 73 个污水处理厂总设计处理能力 $11.188\times10^4 m^3/d$，其中城镇污水处理厂设计处理能力 $9.418\times10^4 m^3/d$，工业污水处理厂设计处理能力 $1.5\times10^4 m^3/d$，农村集中污水处理站设计处理能力 $0.27\times10^4 m^3/d$。

73 个污水处理设施 2017 年实际处理污水 $2860.41\times10^4 m^3/d$，其中 42 个城镇及工业污水处理厂，2017 年实际处理生活污水 $2762.54\times10^4 m^3$，占废水处理总量的 96.58%；处理工业废水 $38.02\times10^4 m^3$，占废水处理总量的 1.33%。31 个农村污水处理站，实际处理生活污水 $59.85\times10^4 m^3$，占废水处理总量的 2.09%。开州区所有污水处理厂共产生干污泥 3144t，全部进行了处置，处置方式为委托垃圾填埋场进行了填埋处理。

按照监测法和系数法核算，2017 年开州区 42 个城镇及工业污水处理厂经处理共削减化学需氧量4669.96t，削减生化需氧量2567.47t，削减动植物油28.65t，削减总氮818.12t，削减氨氮609.08t，削减总磷74.83t，削减挥发酚1807.82kg，削减氰化物324.48kg，削减重金属（铅、汞、镉、铬和类金属砷）19063.03kg。具体情况见表8-3。

表8-3 开州区城镇及工业污水处理厂污染物削减量统计表

污染物名称	削减量/t		
	总削减量	城镇污水处理厂	工业污水集中处理厂
化学需氧量	4669.96	4607.11	62.85
生化需氧量	2567.47	2503.58	63.89
动植物油	28.65	28.31	0.34
总氮	818.12	786.94	31.18
氨氮	609.08	597.09	11.99
总磷	74.83	69.32	5.50
挥发酚	1807.82kg	1784.65kg	23.17
氰化物	324.48kg	324.48kg	0.00
重金属（铅、汞、镉、铬和类金属砷）	19063.03kg	2217.76kg	16845.26kg

注：表中所有数据均保留两位小数。总削减量因小数取舍而产生的误差，均未作机械调整。

8.3 生活垃圾集中处置场（厂）结果分析

8.3.1 数量与分布总体情况

第二次全国污染源普查开州区调查并核算生活垃圾集中处置场（厂）4个：其中包括3个生活垃圾填埋场和1个生活垃圾焚烧发电厂。3个生活垃圾填埋场分别为：重庆市开州区赵家垃圾处理厂位于赵家街道办事处，2017年运行365天，处理垃圾$3.07×10^4$t，处置方式为填埋；重庆市开州区城市固体废弃物综合处理厂（临江垃圾处理厂）位于临江镇，2017年运行180天，处理垃圾$1.08×10^4$t，处置方式为填埋；重庆市开州区城市固体废弃物综合处理厂位于镇安镇，2017年该厂已经准备关闭并进行封场，只运行59天，处理垃圾$2.4164×10^4$t，处置方式为填埋。1家生活垃圾焚烧发电厂为重庆绿能新能源有限公司位于渠口镇，2017年运行330天，处理垃圾9.95×10^4t，处置方式为焚烧发电。

开州区2017年生活垃圾集中处置场（厂）实际处理垃圾共16.5164×10^4t，其中填埋处置6.5664×10^4t，占垃圾处理总量的39.76%；焚烧处置9.95×10^4t，占垃圾处理总量的60.24%。开州区暂无堆肥方式处置场、餐厨垃圾处理厂和其他处置方式处置场。具体情况见表8-4。

表8-4 开州区生活垃圾集中处置场（厂）基本情况表

单位名称	乡镇	垃圾处置方式	年运行天数/d	本年实际处理量/t	废水产生量/m^3	废水处理方式
重庆市开州区城市固体废弃物综合处理厂（临江垃圾处理厂）	临江镇	填埋	180	1.08×10^4	1207	委托其他单位处理
重庆绿能新能源有限公司	渠口镇	焚烧发电	330	9.95×10^4	0	委托其他单位处理
重庆市开州区赵家垃圾处理厂	赵家街道办事处	填埋	365	3.07×10^4	2800	委托其他单位处理
重庆市开州区城市固体废弃物综合处理厂	镇安镇	填埋	59	2.4164×10^4	2313	委托其他单位处理
合　计			—	16.5164×10^4	6320	—

8.3.2 主要污染物排放量

开州区4家生活垃圾集中处置场（厂）2017年共产生废水（含渗滤液）6320t，均排入邻近的城镇污水处理厂进行了集中处理后排放。通过核算统计，开州区生活垃圾集中处置场（厂）2017年化学需氧量产生27.68t，排放0.45t，削减27.23t，削减率为98.37%；生化需氧量产生9.67t，排放0.12t，削减9.55t，削减率为98.76%；总氮产生7.58t，排放0.18t，削减7.41t，削减率为97.76%；氨氮产生6.39t，排放0.11t，削减6.28t，削减率为98.28%；总磷产生0.09t，排放0.02t，削减0.07t，削减率为77.78%；重金属（铅、汞、镉、铬和类金属砷）产生1.660kg，排放0.531kg，削减1.129kg，削减率为68.01%。

重庆绿能新能源有限公司属于生活垃圾焚烧发电企业，按国家普查规定，该企业已经填报工业企业调查表格并核算污染物的产排量。集中式只调查填报了基本信息和运行情况，未进行产排污核算，所以上述的污染物产排情况不包含该企业污染物的产生和排放量。具体情况见表8-5。

表8-5 开州区生活垃圾集中处置场（厂）污染物产排情况表

序号	污染物名称	产生量/t	排放量/t	削减量/t	削减率/%
1	化学需氧量	27.68	0.45	27.23	98.37
2	生化需氧量	9.67	0.12	9.55	98.76
3	总氮	7.58	0.18	7.41	97.76
4	氨氮	6.39	0.11	6.28	98.28
5	总磷	0.09	0.02	0.07	77.78
6	重金属（铅、汞、镉、铬和类金属砷）	1.661kg	0.531kg	1.130kg	68.030

注：表中除"重金属（铅、汞、镉、铬和类金属砷）"的产生量、排放量、削减量保留三位小数，其余数据均保留两位小数。

8.4 危险废物集中处置厂结果分析

开州区危险废物集中处置厂无综合利用、填埋处置、焚烧处置企业，只有1家医疗废物处置厂，为重庆市开州区城市固体废弃物综合处理厂（医疗废物处理厂）。该企业位于赵家街道办事处，主要收集开州区的医疗废物进行高温蒸煮破碎后填埋处理，设计处置能力为510t/a，2017年实际接收并处理医疗废物799t，超36.17%负荷运行。

重庆市开州区城市固体废弃物综合处理厂（医疗废物处理厂）2017年产生和排放废水2920t，经核算化学需氧量产生0.76t，排放0.62t；生化需氧量产生0.04t，排放0.01t；总氮产生0.20t，排放0.14t；氨氮产生0.16t，排放0.12t；总磷产生0.03t，排放0.02t。

8.5 集中式污染治理设施与一污普对比

8.5.1 污水处理设施与一污普对比

二污普共普查污水处理设施73个，包括42个城镇污水处理厂，31个农村集中污水处理站。比一污普（2 个污水处理厂）增加 71 个。污水总设计处理能力 $11.188\times10^4m^3/d$，比一污普（$4.024\times10^4m^3/d$）增加 $7.164\times10^4m^3/d$。2017 年实际处理污水 $2860.41\times10^4m^3$，是一污普（$551.18\times10^4m^3$）5.19 倍。

由此可见，10 年以来，开州区无论是污水处理设施还是管网的建设，政府都加大了投入，城镇生活污水的处理基本上已经覆盖开州区所有乡镇街道，生活、工业污水的收集率和处理率得到了很大的提高，对开州区水环境污染有比较明显的改善作用。

8.5.2 生活垃圾处置场（厂）与一污普对比

二污普共普查生活垃圾处置场（厂）4 个，包括 3 个生活垃圾填埋场和 1 个生活垃圾焚烧发电厂，比一污普（5 个）减少 1 个。2017 年实际处理生活垃圾共 16.5164×10^4t，比一污普（4.575×10^4t）增加 11.9414×10^4t。

对比一污普，虽然开州区生活垃圾处置场（厂）数量减少 1 家，主要是一污普存在 3 个简易垃圾填埋场，二污普普查时已经关闭，但是生活垃圾处理量对比一污普提高了很多。这说明十年以来，开州区城镇人口不断增加，为更好处理生活垃圾，开州区加快推进了生活垃圾处理设施的建设，新建了一个生活垃圾处理场和一个生活垃圾焚烧发电厂，提高了居民生活垃圾的收集率和处理率，减少了生活垃圾对环境的污染。

8.5.3 危险废物集中处置厂与一污普对比

对比一污普（无危险废物集中处置场），开州区 10 年来，新建了一家危险废物集中处置厂，主要处理开州区的医疗废物。医疗废物具有空间污染、急性传染和潜伏性传染，危害性明显高于普通生活垃圾。建设医疗废物处置场，有利于对开州区医疗废物的管理和处置，防止医疗废物对水体、土壤和空气的污染，同时也可以防止成为传播病毒的源头，造成疫情的发生。

8.6 本 章 小 结

通过调查，对比城镇化水平、人口分布，开州区目前城镇污水处理厂的建设和治污能力相对合理，但农村污水处理率明显较低。全区行政村调查人口有 67.8054 万人，2017 年排放生活污水 $1251.8348\times10^4m^3$，农村集中污水处理站实际处理 $59.85\times10^4m^3$，只占农村生活污水总排放量的 4.78%，即使个别村的污水能排入城镇污水处理厂进行处置，其农村生活污水处理率仍然太低。其主要原因还是因为农村住户分散，修建管网成本太高。

随着城市的发展，人口的增加，生活垃圾的产生量也逐年增大。开州区生活垃圾填埋场已经不能保证长久运行，2017 年开州区建成并投运了垃圾焚烧发电企业，因此解决了开州区生活垃圾的处置问题。但是调查得知，目前开州区暂无餐厨垃圾处理企业，而全区人口数量超过 160 万，且开州区餐饮行业较多，餐厨垃圾年产量较大，所以餐厨垃圾处置问题有待解决。

对于医疗废物处置，开州区目前已经建成了医疗废物集中处置厂，该企业设计处置利用能力为 510t/a，2017 年实际接收并处理医疗废物 799t，超 36.17%负荷运行，所以医疗废物的处置能力也有待提高。

总体来说，通过集中式污染治理设施的普查，基本上摸清了开州区污水处理厂、生活垃圾处置场（厂）和危险废物处置厂的基本信息，了解了集中式污染治理设施的数量、结构和分布状况。经过产排污核算，得出了开州区 2017 年集中式污染处理设施各种污染物的总产生量、排放量、削减量和削减率。最终填报数据，形成了开州区的集中式污染治理设施信息数据库和环境统计平台，为加强环境管理，改善环境质量决策提供了依据，同时对比城镇人口现状及发展水平，也能为开州区集中式污染治理设施的建设及结构布局提供一定的参考。

9 主要结论和建议

9.1 主要结论

全区产业布局和产业结构不合理。开州区工业企业主要集中在小江、普里河、桃溪河和南河，特别是小江的污染负荷最重，需要进一步加大污染治理力度。虽然开州区工业普查985家，实际大部分是小微型企业，特别是门市加工企业较多，如白酒制造、服装制造、门市石材切割等。而中型企业仍然以高能源消费、高污染排放的火力发电、水泥制造、陶瓷制造、砖瓦生产等为主，高新产业很少，导致废气及污染物排放量仍然较大。

资源开采利用型企业较多，生态环境保护压力大。从调查来看，开州区的资源开采及利用企业占比较高，占到工业普查总数的18.48%。这些企业主要从事河道采砂，开山采石，水力发电，伐木制材及矿产开采，对开州区生态环境存在一定破坏，所以生态环境压力不容小觑。经汇总统计开州区主要从事资源开采利用的企业182家，其中黏土及其他土砂石开采企业61家，水力发电企业47家，黏土砖瓦及建筑砌块制造企业31家，木片锯材加工企业29家，建筑用石加工（矿山开采）企业6家，烟煤和无烟煤开采企业3家，日用陶瓷制品制造企业3家，石灰和石膏制造企业2家。

工业企业污染治理设施数量仍然较少。开州区普查有废水排放的工业企业304家，其中安装废水治理设施的企业48家，占废水排放企业总数的15.79%。废水治理设施处理工艺比较简单，多为沉淀分离，污染物的去除率不高。开州区普查有废气产生排放的企业483家，安装废气治理设施97套，多以除尘为主，挥发性有机污染物治理设施只有9套，挥发性有机污染物的去除率较低，只有0.64%。

一般工业固体废物应进一步加强管理，提高处置利用率。开州区2017年产生一般工业固体废物152028.65t，其中利用和处置量105363.51t，处置利用率为69.31%，还有待提高。园区企业产生的一般工业固体废物还无法进行集中处置。开州区大部分的中小型煤矿进行了关停，但是煤矸石产生仍然较多，且无法全部综合利用或处置。2017年开州区煤矸石产生22146t，贮存12440t，占煤矸石产生量的56.17%。

农业点源和面源污染较重。2017年开州区农业使用化肥189966t，基本上非有机肥，容易造成土壤板结和水体污染。地膜使用总量1816t，地膜回收利用总量93t，地膜回收利用率为5.12%，回收率非常低。开州区属于渝东北山区，农村面积较大，农业点源和面源排放污染物较多。农业化学需氧量排放是工业的61倍，氨氮排放是工业的37倍，总氮排放是工业的93倍，总磷排放是工业的169倍。

农村生活废水处理率较低，生活垃圾集中处理不高。开州区人口达到160万以上，农村人口占有比例较大。2017年开州区农村67.8054万人，排放生活污水$1251.8348\times10^4m^3$，农村污水处理站实际处理$59.85\times10^4m^3$，只占总排放量的4.78%，即使个别行政村生活污水能排入城镇污水处理厂处置，其农村生活污水处理率仍然太低。农村生活垃圾大部分也没有收集进行集中处理，其根本原因是农村人口分布较散，所以农村环境污染压力仍然较大。

城镇生活垃圾处理已经改善，餐厨垃圾处理有待解决。随着城市的发展，人口的增加，生活垃圾的产生也逐年增大。开州区生活垃圾填埋场已经不能保证长久运行，2017年开州区建成并投运了垃圾焚烧发电企业，因此解决了开州区的生活垃圾的处置问题。但是调查得知，目前开州区暂无餐厨垃圾处理企业，而全区人口数量超过160万，餐饮行业较多，餐厨垃圾年产量较大，所以餐厨垃圾处置问题有待解决改善。

9.2　对策建议

9.2.1　产业结构改善对策

通过第二次全国污染源普查，结合《开州区2017年国民经济和社会发展统计公报》《开州区2017年统计年鉴》分析，按照三次产业分类法，开州区2017年产业结构比为15.4：50.9：33.7，总体来说按照现代社会产业结构比相对合理。但是第一产业占比较小，第二产业占比一半，第三产业对比发达城市或国家占比仍然不足，所以建议开州区应鼓励支持第一产业的发展，加大第三产业的投入，优化第二产业的合理布局。

农业方面，开州区受地形、气候影响，应继续实行“因地制宜”，逐渐推进农业的现代化建设。一是对于有条件的乡镇街道，鼓励创建现代农业园区，在稳定粮食生产的基础上，重点加快果、菜、畜产业的发展，并突出地方特色；二是扶大扶优龙头企业，合理选址，提高农业的集约化种植和规模化养殖比例；三是政策引导，鼓励并支持建设农产品加工企业，让农产品开辟市场，增加农业的收入。

工业方面，开州区受地理位置、交通影响，外来企业投资建厂的积极性不高。按照资源密集程度分类法，开州区产业基本上属于劳动密集型，资本密集型和技术密集型产业比较薄弱，即使有个别的一般电子与通信设备制造业、运输设备制造业，也仍然属于加工企业，技术性不强。因此，开州区产业结构应逐渐改善，尽量减少劳动密集型产业，提高资本密集型和技术密集型产业占比。另外要逐渐改善工业结构，引进和发展技术型、创新型企业，并合理部署区域。

当前，开州区产业发展中的问题主要表现为结构性矛盾。传统产品生产能力过剩与高新技术产品供给不足并存；产业技术创新能力较弱，产业竞争力不强；大企业不强，小企业不专；产业集中度较低，规模经济优势未能充分发挥。产业结构合理布局的根本目的是通过市场配置资源，实现资源的重新整合，引导资源向最具效率的产业流动。综合分析，建议开州区因地制宜，以园区为基础，从城市及周边发展工业、建筑业和第三产业；偏远乡镇增加投入，鼓励和扶持规模化农业或者现代化农业的发展。

9.2.2 产业布局调整对策

农业养殖主要以生猪为主，年出栏量达到80万头以上，但规模养殖场出栏只有10.1983万头，占出栏总量的12.65%，占比较低，而其他农业也多以散户养殖种植为主。因此，开州区农业应加大投入，鼓励规模养殖业和种植业的发展，其方法如下：

（1）以谷物为主导的粮食作物种植结构进一步优化，保证粮食安全；

（2）因地制宜，山区乡镇街道发展特色农业，鼓励并支持发展特色经济作物的种植和特色畜禽品种的养殖；

（3）畜牧养殖集中的乡镇街道限制审批，降低污染物的集中排放，减轻水体的污染的压力；

（4）有地势条件的乡镇街道，扶持龙头企业，科学选址，集中发展规模种植和养殖业；

（5）加强种养结合，利用畜禽粪便还田还地利用，减少畜禽污染物排放的同时，也减少化肥的使用量。

工业方面应引进和发展技术型、创新型企业，并合理部署区域，其方法如下：

（1）合理规划，科学布局，在污染物重点排放的水体和乡镇街道，限制审批污染较重的工业企业；

（2）鼓励并引导企业进入园区；

（3）强化生态环境检查，对破坏生态较重的企业实施关停并对生态进行及时修复。

9.2.3　废水污染治理对策

开州区工业废水处理率达到76.85%，各项工业废水污染物总量排放不多，相对来说比较合理，但是企业安装废水治理设施的并不多，废水循环利用的企业很少。所以建议：

（1）环境管理以开州区工业废水重点行业为主，如农副食品加工业，电力、热力生产和供应业，酒、饮料和精制茶制造业，造纸和纸制品业等，要求重点行业必须安装废水治理设施并保证正常运行；

（2）鼓励和引导有条件的企业进入园区或污水管网覆盖的镇街，提高工业废水的收集率和处理率，降低废水污染物的排放量；

（3）对工业废水污染物排放量较大的乡镇街道，提升集中污水治理设施的处理能力，改进污水的处理工艺，完善污水的收集管网；

（4）建立企业“节约用水、降低排水”奖励制度，从税收，补助等方面鼓励企业节约用水，建立废水循环利用系统，减少废水及污染物的排放。

农业总体排放量较大，而多以规模以下的养殖户，种植户为主，农业点源面源污染较重。建议：

（1）减少化学肥料的使用，鼓励并补助使用有机肥；

（2）扶持引导规模农业和现代农业的发展，推进“种养结合”；

（3）合理审批，科学选址，引导畜禽养殖场（户）向适养区发展；

（4）通过截污纳管、建设污染治理设施和生物、物理技术处理等多种方式，提升养殖的治污能力；

（5）严格执法，对于未修建污染治理设施且污染物直接排放污染环境的养殖场，一律关停拆除，进行减污。

集中式开州区目前已经建成42个城镇污水处理厂，基本覆盖了全区所有乡镇街道，保证了城市居民及乡镇场镇居民生活废水能够处理，但是管网建设仍待完善，以提高废水收集率和处理率。农村废水集中式处理率较低，只有4.78%。因此，应根据开州区农村人口分析，在相对集中的区域，比如新农村居住点等加大投入，建设农村污水集中处理站，在农村人口分布较分散的地方，鼓励和补助建设简易生活废水处理装置，如化粪池、沼气池等，以减少农村生活污水的排放。

9.2.4 废气污染治理对策

根据普查来看，近年来开州区工业废气治理设施强制安装后，减少了工业废气污染物的排放量较大，特别是脱硫，脱硝设施的建设安装，开州区工业二氧化硫和氮氧化物总量下降比较明显。所以建议：

（1）废气排放重点行业应安装并正常运行废气治理设施；

（2）鼓励并支持企业使用天然气替代传统能源煤炭；

（3）对于新建企业，强制要求建设完善的废气治理设施；

（4）对于重点废气排放乡镇街道，严格审批，避免废气污染物集中大量排放；

（5）补助企业安装挥发性有机物治理设施，降低挥发性有机物的排放；

（6）继续实施总量减排计划，淘汰落后产能，减少工业废气污染物的排放量。

开州区移动源加油站均安装了一阶段油气回收装置，但二阶段进行较慢，所以建议加快加油站二阶段油气回收装置的安装和使用，减少挥发性有机物的排放。

9.2.5 固体废物/危险废物污染治理对策

目前全区已经减少有 4 家生活垃圾处置场，其中生活垃圾发电企业运行后，1 家填埋处置场已经关闭并进行封场处理。但是结合全区其他固体废物分析，首先开州区工业一般固体废物无集中处置场，企业只能自行储存和处置利用；农业 1 家地膜回收企业，回收利用率不高，地膜回收利用率只有 5.12%；农村生活垃圾仍有大部分没有进行处理；全区无餐厨垃圾处理场。所以建议开州区应增加投入，建设配套的工业固体废物处置场和餐厨垃圾处置场，加强管理，提高地膜和农村生活垃圾的处置。

参考文献

[1] 蔡栲仪，谢丽红，孙娟，等. 关于成都市第二次全国农业污染源普查的思考 [J]. 四川农业科技，2021 (3)：68-69.

[2] 陈英，魏兴萍，雷珊. 青木关岩溶槽谷流域不同土地利用类型土壤可蚀性分析 [J]. 中国岩溶，2020，39 (6)：836-844.

[3] 程景，李志伟，王丽伟. 浅谈河北省第二次全国污染源普查质量控制工作方法 [J]. 皮革制作与环保科技，2020，1 (9)：3.

[4] 奉继承. 一种基于区块链的实验数据发表存证的方法与系统：中国，111159664A [P]. 2020-05-15.

[5] 葛静芳，司伟，孟婷. 环境规制对企业利润率的影响机理研究——基于广西壮族自治区糖厂的微观数据 [J]. 管理评论，2021，33 (8)：66-77，138.

[6] 韩荣敏. 工业源和生活源挥发性有机污染物防治技术研究 [J]. 能源与环保，2020，42 (10)：63-66.

[7] 胡钰，林煜，金书秦. 农业面源污染形势和"十四五"政策取向——基于两次全国污染源普查公报的比较分析 [J]. 环境保护，2021，49 (1)：31-36.

[8] 姜波，韩铮，张文旭. 黑龙江省农业源生活源水污染治理研究 [J]. 环境科学与管理，2020，45 (10)：7-10.

[9] 姜波，韩铮，张文旭. 黑龙江省农业源生活源水污染治理研究 [J]. 环境科学与管理，2020，45 (11)：22-25.

[10] 李付周，李金，张俊，等. 云南第二次全国污染源普查移动源普查数据质量审核要点 [J]. 环境科学导刊，2020，39 (S1)：48-52.

[11] 李景睿，曾婷. 研发投入结构、人力资本与广东出口产品质量提升 [J]. 岭南学刊，2021，(4)：109-117.

[12] 蔺鹏，孟娜娜. 有偏技术进步、要素配置扭曲与中国工业经济高质量发展——基于技术一致性视角 [J]. 上海经济研究，2021，(8)：72-91.

[13] 刘建华，唐琦. 黄河流域水资源与产业升级互动关系研究 [J]. 水利水运工程学报，2022 (5)：31-39.

[14] 刘敏，李晓，刘灿，等. 集中式污染治理设施普查数据审核方法与要点 [J]. 绿色科技，2020 (4)：90-92.

[15] 刘自豪. 舞钢市畜牧业养殖污染调研报告 [J]. 山东畜牧兽医，2020，41 (5)：54-57.

[16] 鲁朝云. 商贸流通业产业贡献与发达区第三产业结构优化策略——以广东省为例

[J]. 商业经济研究，2019（15）：173-176.

[17] 罗金慧，周雪，黄金萍，等. 景洪市耕地土壤重金属污染现状调查及防治对策 [J]. 农家参谋，2021（1）：9-10.

[18] 穆希岩，黄瑛，罗建波，等. 增产控污，水产养殖业绿色发展初见成效——第二次全国污染源普查水产养殖业排污情况解读 [J]. 中国水产科学，2021，28（3）：389-390.

[19] 聂莹晖. 二污普工业源废水、固废衔接环境统计调查制度的研究 [J]. 中国资源综合利用，2021，39（2）：9-13.

[20] 聂长飞，简新华. 中国高质量发展的测度及省际现状的分析比较 [J]. 数量经济技术经济研究，2020，37（2）：26-47.

[21] 乔琦，白璐，刘丹丹. 我国工业污染源产排污核算系数法发展历程及研究进展 [J]. 环境科学研究，2020，33（8）：1783-1794.

[22] 秦侠，姚小丽. 我国生活垃圾填埋处理中渗滤液处理的现状及存在问题 [C] //中国环境科学学会. 2007 中国环境科学学会学术年会优秀论文集（上卷）. 北京：中国环境科学出版社，2007：442-444.

[23] 阮荣辉，鲁绍凤，马艳. 云南昭通市农业种植污染源普查浅析 [J]. 农业工程技术，2020，40（26）：54-55.

[24] 史立杰. 从普查数据看中国未来垃圾处理的发展方向 [J]. 北方环境，2011，23（5）：34-35.

[25] 孙若梅. 化肥减量：变化特征与“十四五”目标的政策建议 [J]. 农村经济，2021，（3）：1-8.

[26] 孙亚敏. 安徽省农业源氮磷排放及空间分布特征 [J]. 河北环境工程学院学报，2022，32（3）：11-15.

[27] 覃晓玲，覃月凤. 酸雨报表制作与审核要点 [C] //中国气象学会. 第 33 届中国气象学会年会 S11 大气成分与天气、气候变化及环境影响. 2016：343-345.

[28] 田野. 第二次全国污染源普查年内启动 [J]. 环境与生活，2017（10）：8.

[29] 汪建光，李雨轩，郭瑞堂，李彦. 氯酸钠与石灰石的混合浆液同时脱除 NO 和 SO_2 的实验研究 [J]. 上海节能，2018（10）：811-815.

[30] 王帼雅，宋城城. 寿县工业源大气污染物产排量化特征研究 [J]. 绿色科技，2019（22）：115-117，120.

[31] 王丽，宋毅. 从污染源普查数据之变看资阳市十年绿色发展之变 [J]. 西部皮革，2020，42（19）：3.

[32] 王琳琳，孙瑞，刘志峰. 第二次全国污染源普查的统计调查探讨与分析 [J]. 再生资

源与循环经济，2021，14（6）：3.

[33] 王向阳，方涓涓，刘芳，等. 第二次全国污染源普查基层工作方法探讨 [J]. 2019，31（2）：3-4.

[34] 王晓燕. 浅谈第二次全国污染源普查档案管理方法 [J]. 皮革制作与环保科技，2021，2（10）：113-114.

[35] 王新红，王璐. 基于熵值法的行业盈利能力评价研究 [J]. 商业会计，2019（13）：37-40.

[36] 温朋. 准好氧矿化垃圾床联合臭氧高级氧化技术深度处理填埋场渗滤液的效能与机理 [D]. 四川：西南交通大学，2022.

[37] 吴波亮，王韬. 产业空间集聚影响因素实证分析——基于广东省制造业的面板数据回归模型 [J]. 电子产品可靠性与环境试验，2021，39（6）：73-79.

[38] 谢骏. 新发展阶段水产养殖的水环境调控模式和技术选择（上）[J]. 科学养鱼，2021（3）：24-25.

[39] 谢骏. 新发展阶段水产养殖的水环境调控模式和技术选择（下）[J]. 科学养鱼，2021（5）：24-25.

[40] 谢骏. 新发展阶段水产养殖的水环境调控模式和技术选择（中）[J]. 科学养鱼，2021（4）：24-25.

[41] 徐亚平，徐达，胡佳炜. 污染源普查现状问题分析与对策探讨 [J]. 北方环境，2019，31（4）：62，64.

[42] 颜海波，于萍. 污染源普查数据在基层环境管理中的应用与研究 [J]. 环境与发展，2019，31（8）：227-228.

[43] 杨蛟，沙茜，常雅洁，等. 云南省洱源县畜禽粪污资源化利用现状与对策 [J]. 畜牧兽医科学（电子版），2020（19）：155-158.

[44] 易凯. 榕江县城生活垃圾卫生填埋处理工程渗滤液收集与处理系统设计 [J]. 贵州化工，2011，36（1）：40-42，50.

[45] 于强. 京津冀协同发展背景下北京制造业的产业转移——基于区位熵视角 [J]. 中国流通经济，2021，35（1）：70-78.

[46] 袁怡祥，马人熊，谭春青，杨征，刘佳. 渗滤液蒸发处理技术的难点与对策 [J]. 环境工程，2009，27（6）：42-45.

[47] 张兵. 第二次全国污染源普查摸清“美丽中国”生态家底 [J]. 民生周刊，2019（14）：48-49.

[48] 张东敏，范佳妮，赵凯雍. 我国重点污染行业差异化环境税设计思路——基于污染削减费用视角 [J]. 当代经济，2022，39（5）：88-94.

[49] 张蓉. 农用地利用方式与非点源污染控制政策研究：基于太湖流域农户调查的实证分析 [D]. 浙江：浙江大学，2014.

[50] 张韵，刘志祥，黄健盛，等. 西南地区山地农村厕所建设及冲洗水处理情况调查研究——以重庆市某区县为例 [J]. 环境科学与管理，2022，47（5）：42-46.

[51] 赵学涛，陈敏敏，汪志锋，等. 第二次全国污染源普查实践与思考 [J]. 环境保护，2020，48（18）：7.

[52] 周其宇. 青海省乐都区高原特色现代农业发展浅析 [J]. 南方农业，2020，14（29）：126-127.

[53] 朱坚，邵颖，彭华，李尝君，简燕，纪雄辉. 湖南省农业面源污染形势与综合管理对策 [J]. 湖南农业科学，2022（10）：49-53.

[54] 庄志杰，杨艳慧，刘阳，代冬芳. 基于行业异质性的河北省制造业环境效率与规制研究 [J]. 科技经济市场，2018（12）：47-49.